KB138414

괴물신입 인공지능

쫄지 말고 길들여라

괴물신입 인공지능

쫄지 말고 길들여라

이재박 지음

차례

CONTENTS

추천사

따뜻한 커피 한 잔을 내리는 동안 스트리밍 사이트에서 고른 음악을 들으며 기분 좋게 하루를 연다. 모니터를 보니 지난 밤 천문대에서 관측된 데이터가 도착해 있다. 영상 자료 한 프레임에 아름답게 수놓인 3만여 개의 천체를 컴퓨터를 이용하여 별과 은하로 그리고 은하를 다시 타원 은하, 나선 은하 등으로 분류하여 동료 연구자들에게 보낸다. 오늘밤에 한 번 더 관측할 가치가 있을지를 낮에 결정할 수 있도록 해 주기 위함이다. 그사이 처음에 선곡한 곡과 비슷한 장르의 음악이 음원 사이트를 통해 계속 들려온다. 과제물을 살펴보는데 한 학생의 프로그래밍 코드가 왠지 낯설지가 않다. 소프트웨어를 이용해 비교해 보니 이 학생의 코드와 비슷한 것이 없다고 나온다. 표절이 아니라 다행이다. 연구를 위해 생각해 두었던 GPU 카드를 사려고 하니 온라인 쇼핑몰이 다른 모델 몇 개를 추천해 준다. 지금 사지 말고 내일 비교해 본 뒤 구입해야겠다. 퇴근을 준비하며 알렉사에게 날씨를 물어보니 내 말을 제대로 알아듣고는 퇴근길이 맑을 것이라고 답한다. 덤으로 택배 도착 예정 시각까지 알려준다. 시나브로 인공지능이 우리 삶 곳곳에 스며들었다.

인공지능의 근간이 되는 데이터 과학은 새 데이터뿐만 아니라 옛 문헌과 기록·보관용 자료마저도 살아 숨쉬게 한다. 셰익스피어는 불과 23년이란 짧은 시간 동안 37개 이상의 희곡을 집필한 것으로 유명한데, 그가 아무리 천재라도 고도의 창의력과 집중력을 요하는 집필 작업을 과연 혼자 해낸 것이 맞는지에 대해 의문이 있어 왔다. 그런데 셰익스피어의 희곡을 전자문서화 한 뒤, 각 희곡 속 등장인물들에 대한 사회 연결망 분석과 대화 내용에 대한 감정 분석을 해 보면 공동 집필작업이 있었을지와 같은 알쏭달쏭한 질문에 정량적으로 답해 볼 수 있다. 뿐만 아니라 휴대전화 통신료 청구를 위해 기록된 위치별, 시간대별 통화 기록 분석을 통해 전염병이나 역병을 예방할 수도 있고 수백 년 전 관공서 기록을 지역별로 분석하고 시각화하여 과거 노예제도 시행 여부와 현재 정치사회적 성향의 상관관계를 알아볼 수도 있다. 또한 수십 년간의 학회 발표 초록을 분석하여 해당 분야의 시대별 연구 동향 역사를 파악해 볼 수도 있다.

긍정적인 면만 있는 것은 아니다. 사회 전체적으로는 효율성이 향상되는 것처럼 보이지만 개인의 단위에서는 삶의 위협 요인으로 다가오기도 한다. 예를 들어 119 구조요청 일지를 분석하여 계절별, 요일별, 시간대별로 각 지역에서 주로 발생하는 응급상황 종류를 파악함으로써 소방, 의료, 경찰 인력을 실시간으로 최적화해 배치할 수 있고, 이를 통해 사회적 자원의 효율성을 높일 수 있다. 그러나 커피 전문점에서 바리스타로 일하는 20대 초반의 미혼모는 동일한 알고리즘을 통해 판매량 극대화에 최적화되어 세워진 계획에 따라 불규칙한 근무 위치와 시간을 배정받을지도 모른다. 본사로부터 불과 며칠 전에 통보 받기에, 정해진 요일과 시간에 아이를 보육원에 맡기기 어렵고 아이와 주말 계획을 세우고 약속을 지키는 것이 불가능하다. 동일한 온라인 쇼핑몰을 몇 번 이용했더니 아이의 성별과 나이를 예측해 작성한 추천 상품 목록을 알고리즘이 추측한 아이의 생일에 맞춰 보내 준다. 단 한 번도 알려준 적이 없는데 내 아이의 신상이 털린 것 같아 섬뜩하다. 무엇보다 내가 하는 일도 언젠가는 인공지능에 의해 대체될지도 모르는데 그때 나는 무엇을 하며 살 것인가를 생각하면 걱정이 앞선다.

이와 같이 빅데이터의 무한 학습에 기반한 인공지능은 우리가 세상을 탐색하고 이해하고 살아가는 방식을 근본적으로 바꾸고 있다. 따라서 이제는 그저 신기하다고 여기는 수준을 넘어, 인공지능이 우리 삶의 중요한 요소 중 하나인 직업과 그 환경에 어떠한 변화를 가져올지를 고민해야 한다. 그리고 이러한 변화에 맞춰 미래 세대에게는 어떤 교육이 이루어져야 할지를 진지하게 생각해 봐야 할 시점이다.

이러한 상황에서 20여 개의 다양한 직군에서 인공지능이 인간을 위해 어떠한 역할을 할 수 있는가를 구체적으로 다룬 이 책의 출간 소식에 기뻐하지 않을 수 없었다. 방대한 조사가 이루어져 탄생한 이 책은 현재 적용 사례뿐만이 아니라 미래에 각 직군에서 인공지능이 어떻게 활용될 수 있을지 그리고 그것이 우리의 삶에 어떤 변화를 가져올 것인지를 보여주고 있다. 단순히 인공지능 기법의 이름을 나열하는 것이 아니라 해당 알고리즘이 어떤 원리에 의해 작동하는지를 알기 쉽게 풀어 설명해 줌으로써 일반인의 이해를 돕는다. 그리함으로 독자의 호기심과 상상력을 자극하고 독자 스스로 자신의 직군에서는 어떻게 인공지능을 응용해 볼 수 있을까 생각해 보게끔 고취한다. 각 분야 수많은 전문가의 강연과 인터뷰 내용을 발췌 · 인용하여, 독자가 현재 인류가 어느 방향으로 나아가고 있는지 그리고 이를 위해 사회가 필요로 하는 미래의 일꾼의 상은 무엇인지 가늠할 수 있게끔 도와준다. 또한 책 사이사이에 누구나 한 번쯤은 해 봤을 질문과 이에 대한 답을 정리해 놓은 '휴게실 토크'는 무척이나 인상적이며 나중에 필요할 때마다 다시 들여다 보게 될 훌륭한 참고서와 다름없다.

저자는 이 모든 변화를 수용함에 있어 염려스런 마음을 가지고 그저 마지못해 적응하며 살아가는 수동적 관점을 갖기보다 "인간은 자신들을 위해 만든 도구인 인공지능을 우리의 직업에서 창의적으로 활용하고 능수능란하게 다룰 수 있어야 한다"는 적극적인 관점을 일관되게 유지하며 기술했다. 그리고 이렇게 하는 것이 우리가 인공지능이란 기계를 통해 인간의 지능만으로는 도달할 수 없었던 영역에 도달하는, 그래서 이득을 취하는 참 주인공이 되는 길임을 제시한다.

급속히 발전해 가고 있는 인공지능과 더불어 살아가야 할 미래 세대인 젊은이와 청소년에게 특별히 이 책을 추천한다. 또한 기성세대에게도 권하고 싶다. 은퇴 후 창업을 준비하는 이들에게는 성공적인 준비를 할 수 있는 길잡이가 되어 줄 것이다. 부모와 상사의 위치에 있는 사람들이 이 책을 읽는다면 다른 세상을 살아가게 될 자녀와 사회 초년생에게 인공지능은 해 줄 수 없는 조언을 해 줄 수 있을 것이다. "미래"에 우리가 주체성을 띠고 창의적으로 인공지능을 선용하기 위해서 "지금" 우리가 무엇을 어떻게 해야 할지 생각해 보는 계기가 되기를 바란다.

이재현
하버드-스미스소니언 천체물리연구소 연구원
하버드대학교 천문학과 강의교수

<u>괴물신입, 내 옆자리에 앉은 천재적 바보</u>

자고 일어났더니 구직 사이트가 발칵 뒤집혔습니다. 괴물 신입의 이력서 한 장이 온 세상을 경악시켰기 때문입니다. 채용 담당자들은 괴물신입의 경력이 진짜인지를 확인하느라 눈코 뜰 새 없이 바쁜 하루를 보냈습니다. 그도 그럴 것이 금융, 법률, 의료, 교육, 번역, 코딩, 물리, 천문, 화학, 음악, 미술 등 최고의 전문성을 요하는 여러 분야에서 발군의 실력으로 인턴을 마쳤다는 각 회사 담당자들의 추천서가 동봉되었기 때문입니다.

이 괴물신입은 놀랍게도 수백 개의 회사에 동시에 이력서를 제출했습니다. 자신을 채용해 주기만 한다면 몇백 개든 몇천 개든 동시에 출근해서 일하겠다는 당찬 신입의 패기를 보였습니다. 어떻게 이런 일이 가능할까요? 이 패기 넘치는 신입 사원의 정체가 바로 인공지능이기 때문입니다. 인공지능은 형체가 없기 때문에 기업이 원한다면 마치 유령처럼 언제 어디라도 나타나서 일할 수 있습니다. 게다가 점심시간이나 휴가도 필요치 않고 성과급을 요구하는 것도 아니기 때문에 경영진들이 환영할 만한 조건도 갖추었습니다.

이런 소식이 퍼지자 사무실은 미묘한 공기로 가득찼습니다. 괴물신입의 이력서를 만지작거리는 사장님의 얼굴에는

인공지능 자기소개서

	이름	인공지능
	경력	전 산업 분야 인턴십 성공적으로 수료
	장래목표	일반 지능 확보

키	없음	몸무게	없음
고향	MIT	현재 사는 곳	클라우드
성격	근면성실, 힘든 내색 없이 24시간 업무에 매진, 지시사항을 잘 이해하고 이행함. 숙련도가 갈수록 높아짐.		

특기	예측과 분류
취미	공부 & 일하기
좋아하는 것	끊임없이 새로운 데이터 먹기
네트워크	민스키, 튜링, 힌튼 등 유명 인사들 구글, 페이스북, 아마존 등 거대 기업

미소가 번지는 반면에, 그것을 지켜보는 사원들의 마음에는 두려움이 피어오릅니다. 채용 담당자들의 말을 들어보니 괴물신입은 운동선수로 치면 데뷔한 해에 신인왕과 MVP를 동시에 거머쥔 셈이고 예술가로 치면 분야가 전혀 다른 랩 배틀과 성악 콩쿠르에서 동시에 우승한 셈이라고 합니다. 호그와트 마법학교를 수석으로 졸업했다고 해도 이 정도의 퍼포먼스를 내기는 쉽지 않을 것이라고 입을 모읍니다. 이런 말도안 되는 괴물신입을 맞이할 생각을 하니 혹시 내 자리가 위태로워지는 것은 아닐지 경계심부터 생겨납니다.

"이제 나는 일자리를 잃는 건가? 앞으로 나는 무엇을 해야 하지?"

이 책은 바로 이런 질문에 답하기 위해 쓰였고, 그 답은 이렇습니다.

"인공지능에게 일자리를 빼앗길 것을 걱정할 시간이 있다면 한시라도 빨리 인공지능과 함께 어떤 일을 할 수 있을지를 고민하라!"

이 답이 여러분의 생각과 다를 수도 있고 그래서 마음에 들지 않을 수도 있습니다. 그러나 이 책의 1부를 통해 인공지능의 진짜 정체가 무엇인지를 알고나면 '그럴 수도 있겠군'

하며 고개를 끄덕일 것입니다.

결론적으로 말하자면, 인공지능은 괴물이되 괴물이 아니고 천재이되 바보입니다. 그야말로 괴물인 듯 괴물 아닌 괴물 같은 신입인 것입니다.

"인공지능은 천재적인 바보다!"

인공지능은 한시도 쉬지 않고 학습하면서 자신의 지식 체계를 무한 업데이트하여 믿을 수 없을 만큼 파괴적이고 천재적인 업무처리 능력을 보이지만, 자신이 발휘하는 놀라운 능력을 스스로 알아보지 못한다는 점에서는 여전히 바보에 불과합니다. 말하자면 인공지능은 바보 온달입니다. 바보 온달의 잠재력이 평강공주를 만나고 나서야 빛을 발했듯 인공지능의 천재성도 인간과 함께할 때 비로소 그 의미를 갖습니다.

이제 여려분이 평강공주가 될 차례입니다. 두려워하지 말고 여러분 옆에 앉은 괴물신입의 잠재력을 깨우시길 바랍니다. 그리고 여러분만의 방식으로 인공지능을 길들이시길 바랍니다. 징기스칸이 잘 길들여진 말을 타고 초원을 갈랐듯 여러분도 잘 길들여진 인공지능을 타고 그동안 넘지 못했던 산을 넘을 것입니다. 인공지능은 라이벌이 아니라 파트너라는 것을 기억해야 합니다. 지금부터는 이 친구를 라이벌로 볼 것인지 파트너로 볼 것인지에 따라 전혀 다른 삶의 경로를 걷게 될 것입니다.

싫든 좋든 괴물신입 인공지능은 이미 우리 옆에 앉았습니다. 무대 위의 비트를 멈출 수 없다면, 비트에 몸을 맡겨 보는 것도 나쁘지 않은 선택입니다. 자, 그럼 이제 당신이 맞이하게 될 괴물신입의 정체를 낱낱이 한번 파헤쳐 볼까요?

01

괴물신입
20개 분야별 활용법

금융
워렌 버핏의 후계자로 키워라

　금융金融은 돈의 융통을 뜻합니다. 그런데 돈의 진짜 정체는 신용이며, 신용은 실제가 아닌 가상의 개념입니다. 따라서 금융이란 신용의 융통을 뜻합니다. 가치가 저장되어 있다고 믿어 의심치 않았던 금이나 은, 주화나 지폐 따위에는 사실 그만한 가치가 저장되어 있지 않습니다. 돈의 가치는 우리의 '믿음'을 통해서 생겨납니다. 역사학자 하라리Yuval Noah Harari의 말처럼 가상을 믿는 호모 사피엔스이기에 가능한 일입니다.

　가상을 믿는 인류는 마침내 돈의 가치가 컴퓨터 속 디지털 숫자에도 저장될 수 있다고 믿기 시작했습니다. 따지고 보면 돈의 실체가 신용일진대 그것이 반드시 금이나 지폐 같은 물리적 실체에 연결되어야 할 이유도 없습니다. 그래서 오늘을 사는 우리들은 컴퓨터 화면 속 숫자가 변동되는 것을 보고 '돈을 벌었다'고 느끼기도 하고 '돈을 잃었다'고 느끼기도 합니다.

그런데 인류는 여기서 한발 더 나아가 화면 속 숫자를 불리는 일을 기계에게 맡길 수 있을지에 대한 실험을 하고 있습니다. 인간은 천 원짜리 한 장 잃는 것도 벌벌 떨 만큼 본능적으로 위험 회피 성향을 갖고 있기 때문에 주식처럼 돈을 잃을 수도 있는 위험 자산에 투자할 때 나보다는 훨씬 더 잘 할 것으로 생각되는 금융회사에 그 일을 맡겨 왔습니다. 그런데 어찌된 일인지 돈 버는 일에 관한 최고의 전문가 집단이라고 여겨졌던 금융회사들이 이제 갓 입사한 신입인 인공지능에게 조언을 구하는 시대가 되었습니다. 정말이지 귀신이 곡할 노릇이라는 말이 절로 터져 나옵니다. 금융업의 지각변동은 이미 되돌릴 수 없는 강을 건넌 것으로 보입니다.

시장평균을 넘보는 인공지능

2019년 7월 11일, 뉴욕의 증권거래소에 태극기가 내걸렸습니다. 한국 기업 크래프트QRAFT가 인공지능이 운용하는 상장지수펀드ETF 2종을 뉴욕거래소에 상장하면서 클로징 벨 세레머니에 주인공으로 초대됐기 때문입니다. 크래프트라는 기업은 인공지능이 금융산업의 지형을 어떻게 바꿀 수 있는지를 잘 보여줍니다.

김형식 대표에 따르면, 크래프트는 상장지수펀드를 운용하는 기업이지만 회사 내에 월스트리트 출신의 금융전문가는 한 명도 없습니다. 반면에 엔지니어 20명 정도가 근무하는데 이들의 주 업무는 시장상황의 변화를 감지하고 그에 따른 투자 전략을 반영해서 자동으로 주식 거래를 할 수 있는 인공지능을 개발하는 것입니다. 약 20년 전 펀드 투자 붐을 일으켰던 미래에셋증권이 고객의 자산관리를 담당할 펀드매니저를 채용하는 데 심혈을 기울였다면, 미래의 투자 혁신을 꿈꾸는 크래프트는 금융투자를 자동화할 수 있는 인공지능을 개발하는 데 심혈을 기울이고 있습니다.

ETF^{Exchange-Traded Fund}는 펀드이긴 하지만 언제든지 필요할 때 매매할 수 있는, 주식 개념에 가까운 펀드입니다. 현재까지 인공지능이 운용하는 ETF가 주식시장에 상장된 것은 세계적으로도 5건에 불과하며, 그중에서도 딥러닝 시스템이 적용된 ETF는 크래프트가 최초인 것으로 알려져 있습니다. 회사에 따르면 "기존 S&P500 지수가 시가총액 가중평균 방식으로 지수를 산출하는 데 비해 크래프트의 인공지능 ETF는 매크로 데이터와 기업 펀더멘털 데이터 등을 학습해 매번 종목 편입 비중을 적절히 조절하는 방식으로 지수 대비 초과수익을 추구"합니다.

주식투자와 관련한 데이터가 대부분 숫자이고 그래서 인공지능이 학습하기가 더 수월할 것이라고 생각할 수도 있지만 그것은 사실이 아닙니다. 주식시장은 숫자로 기록된 재무적 요인에만 영향을 받는 것이 아니라 숫자로 기록되지 않은 정치환경 변화나 투자자들의 심리에도 영향을 받기 때문에 고려해야 할 변수가 더 많고 복잡합니다. 김 대표의 말에 따르면 금융 데이터는 데이터의 개수는 적지만 데이터의 종류가 많습니다. 만약 인공지능이 15년치 데이터를 학습한다면 총 데이터 수는 4천 개 정도에 불과합니다. 하지만 데이터의 종류가 엄청나게 다양하고 데이터의 특성이 시장 상황에 따라서 계속 변하기 때문에 이를 반영하여 실제로 수익을 낼 수 있는 인공지능 트레이딩 시스템을 구축한다는 것은 쉬운 일이 아닙니다.

그럼에도 불구하고 크래프트는 시장의 주목을 받고 있습니다. 특히 B2C기업과 소비자 간 거래보다 B2B기업과 기업 간 거래에 집중하면서 기업고객 자산을 유치하는 데 성공했으며, 뉴욕증시에서 S&P500 지수보다 2% 정도의 초과 수익을 내는 것을 목표로 하고 있습니다.

인공지능, 금융공학의 최전선

주식 트레이더가 일하는 모습을 보신 적이 있나요? 여러 개의 모니터를 앞에 두고 쉴 새 없이 각종 정보를 분석하면서 실시간으로 주식을 사고 파는 모습이 우리가 일반적으로 떠올리는 트레이더의 모습입니다. 그런데 이렇게 초를 다투어 지적 의사결정을 내려야 하는 트레이딩 업무에도 인공지능이 도입되고 있습니다.

세계 최대의 금융 기업 중 하나인 골드만삭스는 MIT와 하버드 출신들이 설립한 스타트업인 켄쇼Kensho Technologies의 시스템을 도입한 것으로 알려져 있는데, 이 시스템은 자연어 처리Natural Language Processing, NLP 기법을 사용해 금융 관련 질문에 답할 수 있다고 합니다. 포브스Forbes의 보도에 따르면 검색창에 일상 언어로 검색하기만 해도 의사 결정에 도움을 받을 수 있는 응답을 즉각적으로 받을 수 있습니다.

"이 시스템Warren은 약물 승인, 경제 리포트, 통화 정책 변경, 정치적인 사건을 포함한 9만 개 이상의 변수action들이 지구상의 거의 모든 금융 자산에 어떤 영향을 미치는지에 대해 분석함으로써 6천 5백만 가지의 질문 조합에 즉각적으로 답할 수 있다."

이런 변화를 반영하듯 골드만삭스에는 20년 전까지만 하더라도 600여 명에 이르는 주식 트레이더가 근무했지만 2018년엔 단 2명만 남았고, 컴퓨터 엔지니어의 수는 9,000명으로 늘어났습니다. 인공지능이라는 혁신 기술을 통한 금융의 자동화가 조직 구성원의 비율에도 커다란 영향을 미친 것입니다. 골드만삭스는 금융 기업임에도 불구하고 월스트리트의 구글로 불릴 만큼 엄청난 숫자의 엔지니어를 채용하고 있는데, 이미 직원 3만 6천 명 중 무려 25%가 기술직으로 채워졌습니다. 골드만삭스 회장이 2015년에 '골드만삭스는 IT회사'라고 선언했던 것이 거짓말이 아니었습니다.

인공지능이 도입되기 전에는 수학에 뛰어난 재능을 보이는 금융공학자들이 퀀트Quant라는 이름으로 금융계를 이끌었습니다. 워렌 버핏과 함께 투자가로 세계적 명성을 떨친 조지 소로스George Soros와 짐 로저스Jim Rogers가 바로 퀀트의 대표적 인물입니다. 이들은 1980년대 퀀트 방식으로 무려 4,000%가 넘는 수익률을 기록했습니다. 퀀트가 주로 하는 일은 데이터 간 상관관계를 통계적으로 검증하여 미래의 시장을 예측하는 것입니다. 즉 금융 데이터들 사이에 존재하는 공통적 특징이나 패턴을 찾아내고 그것을 바탕으로 앞으로 일어날 일을 예측하는 일을 담당했습니다. 인공지능은 바로 여기서 빛을 발하게 될 것입니다. 엄청난 양의 데이터에 숨어 있는 공통 패턴을 찾아내는 일을 딥러닝 알고리즘보다 더 잘하기는 점점 어려워지고 있기 때문입니다.

따라서 이렇게 괴물 같은 업무처리 능력을 갖고 있는 인공지능을 어떻게 다룰 것인지가 매우 중요한 과제로 부각됩니다. 앞으로는 퀀트라는 동일 직종이라고 할지라도 인공지능을 잘 다루는 퀀트와 그렇지 않은 퀀트로 나뉘고, 두 그룹의 업무처리 능력에 격차가 벌어질 가능성이 높아 보입니다.

금융 자동화, 이미 시작되었다

인공지능을 통한 금융의 자동화는 실질적인 서비스 운용으로도 이어지고 있습니다. 골드만삭스는 마커스Marcus라는 온라인 소매금융 플랫폼을 선보였습니다. 담당 직원은 놀랍게도 로보어드바이저Robo-Advisor입니다. 이 똑똑한 인공지능은 대출이 필요할 것으로 생각되는 고객 명단을 스스로 추려낸 다음 이메일을 보내 상품 영업을 하는 방식으로 신규 고객을 유치하고 대출 상품을 판매합니다.

마커스가 등장하기 이전의 골드만삭스는 자산이 1,000만 달러 이상 되는 고액 자산가들을 대상으로 상품 영업을 했습니다. 서비스 인력의 한계 때문에 소액 대출을 원하는 개인에게는 여력이 미치지 못했던 것입니다. 그러나 대출 시스템에 로보어드바이저를 도입하고 나서부터 단돈 1달러를 예치한 개인 고객에게도 서비스를 할 수 있게 되었고, 그 결과 서비스를 시작한 지 3년째가 되는 2019년에 소매금융에서 한 달에 1억 달러를 예치하는 성과를 거두기도 했습니다.

로보어드바이저가 업무를 담당한다고 해서 사람의 역할이

사라지는 것은 아닙니다. 고객들이 로보어드바이저와 비대면으로 업무를 처리하는 데는 아직 한계가 있기 때문에 여전히 인간 상담사의 역할이 중요합니다. 로보어드바이저를 통해서 그동안 소외되었던 수많은 개인들이 고객으로 진입함에 따라 상담 건수도 같이 증가할 것으로 예상되기 때문에 인간의 일이 사라질 것이라는 우려는 아직 이른 감이 있습니다.

신용평가 도우미, 인공지능

고객에게 대출 상품을 판매할 때 무엇보다 중요한 것이 있습니다. 대출을 해 주어도 좋을지를 결정하기 위한 대출 심사와 신용 평가가 바로 그것입니다. 그런데 이 분야에서도 인공지능이 활약하고 있습니다. 과거에 대출을 받기 위한 가장 중요한 조건은 충분한 담보의 보유 여부였습니다. 개인이 아무리 성실하고 대출을 갚으려는 의지를 갖고 있다고 해도, 담보가 충분하지 않다면 사실상 대출을 받기는 어려웠습니다. 그러다 보니 이미 어느 정도의 자산을 가진 사람만 대출을 받을 수 있는, 부익부 빈익빈의 악순환이 반복되었습니다.

금융기관이 이처럼 대출에 보수적일 수밖에 없었던 이유는 대출자가 성실하게 이자와 원금을 갚을 것인지를 판단할 수 있는 데이터가 마땅치 않았기 때문입니다. 그러나 최근에는 SNS 친구 수, SNS 포스팅 내용, 동호회 가입 여부, 운전

습관, 사고 경력 등에 이르기까지 개인의 성향이나 신용을 좀 더 종합적으로 판단할 수 있는 비금융데이터 분석을 통해서 담보 여력이 높지 않은 사람일지라도 대출을 승인해 주는 사례가 생겨나고 있습니다.

이러한 변화는 자연어처리 기술과 감성분석sentiment analysis 기술의 발전 덕분입니다. 소비자가 남긴 글을 통해 심리상태나 감정상태를 분석하여 이 사람의 성향을 판단하는 데 사용할 수 있습니다. 정형화된 금융 데이터뿐만 아니라 비정형 상태로 존재하는 비금융 데이터를 통해서도 점점 의미있는 결과를 도출하고 있습니다. 이를 통해 소비자의 신용도나 채무 불이행 가능성을 예측하고 소비자의 신용등급을 좀 더 세밀하게 관리하여 그동안 금융 서비스에서 소외되었던 고객들에게도 대출을 승인할 수 있게 된 것입니다.

또 하나의 보이지 않는 손, 인공지능

이처럼 금융의 자동화는 신용평가, 위험 관리, 부정거래 방지, 트레이딩, 개인별 맞춤 서비스 등 금융의 거의 전 분야에서 적용되고 있습니다. 전 세계 195개국에 걸쳐 금융 전문가 15만 명을 회원으로 두고 있는 GARPThe Global Association of Risk Professionals가 회원 2천여 명을 대상으로 실시한 조사에 따르면, 회원의 81%가 이미 인공지능 기술 도입 효과를 보고 있다고 응답했습니다. 가장 효과가 많이 나타나는 분야로는 프로세스의 자동화, 신용평가, 데이터클렌징이 꼽혔습니다. 또한 아직 인공지능을 도입하지 않았다고 응답한 사람 중 84%는 향후 3년 내에 관련 기술을 도입할 것이라고 응답해 인공지능을 통한 금융의 자동화가 앞으로 더욱 가속화될 것임을 시사했습니다.

애덤 스미스가 말하길, 시장에는 보이지 않는 손invisible hand이 있습니다. 더 싸게 사려는 사람의 이기심과 더 비싸게 팔려는 사람의 이기심이 만나면 자연스럽게 최적값이 도출된다는 것입니다. 이런 관점에서 보면 인공지능은 시장에서 또 하나의 보이지 않는 손으로 기능할지도 모릅니다. 골드만삭스의 사례에서 확인한 바와 같이 인공지능이 없었다면 골드만삭스는 여전히 소매 금융에 진출하지 않았을지도 모르고, 다수의 소비자는 자금을 융통하는 데 어려움을 겪었을지도 모릅니다.

이처럼 인공지능이 보이지 않는 곳에서 바삐 움직여 준 덕분에 만나지 못할 뻔했던 사람들이 만나서 서로의 이득을 창출했습니다. 앞으로 인공지능이 우리를 대신해서 우리가 할 수 없었던 엄청난 양의 데이터 분석을 쉬지 않고 수행해 준다면, 그동안 소외되었던 사람들을 포함한 더 많은 사회 구성원의 이기심의 최적값을 찾아가는 데 기여할 수 있지 않을까요?

참고문헌

■ CNBC. (2019. 06. 06)Goldman CEO: If Marcus were a Silicon Valley start-up, people would be 'throwing money at us'

■ Finacial Brand. Marcus by Goldman Sachs: The Future of CX + Fintech in Banking?

■ Forbes. (2018. 03. 06). Wall Street Tech Spree: With Kensho Acquisition S&P Global Makes Largest A.I. Deal In History

■ Kensho. https://www.kensho.com/

■ QRAFT. https://www.qraftec.com/

■ SAS. "금융 리스크 전문가 81%, 인공지능(AI) 기술 효과 누려"

■ 금융보안원. (2016). 국내외 로보어드바이저 동향 및 현황 분석.

■ 딜로이트컨설팅. (2019). 인공지능 금융 생태계 전환

■ 매일경제. (2019. 07. 12). "시장평균보다 2%이상 초과수익 내겠다"

■ 이코노미조선. (2017. 2. 22). 트레이더, 600명에서 2명으로…IT 기업된 골드만삭스

■ 짐 로저스. (2019). 세계에서 가장 자극적인 나라: 짐 로저스의 어떤 예견. 살림출판사

인공지능이 짧은 기간에 이룩한 놀라운 성과들을 살피다 보면 대단한 능력에 감탄하면서도 한편으로는 주눅들거나 위축될지도 모릅니다. 하지만 새 시대의 주인공은 인공지능이 아니라 인공지능을 길들여서 사용하게 될 우리 자신이라는 것을 명심해야 합니다. 이런 마음을 담아 각 챕터의 말미에 인공지능과 좀 더 빨리 친해질 수 있도록 <휴게실 토크>를 진행해 보고자 합니다.

인공지능으로 인해 벌어질 초격차의 시대

여러분의 장래 희망 혹은 현재 직업이 변호사이든 의사이든 상관없습니다. 펀드매니저, 마케팅 전문가, 광고 카피라이터, 교사, 행정가, 화학자, 물리학자, 음악가, 화가, 건축가, 디자이너, 소설가 등 그 어떤 영역에서든 인공지능이라는 새로운 도구가 여러분을 기다리고 있을 것입니다. 바꿔 말해, 여러분의 꿈이 무엇이든 인공지능과 함께 그 꿈을 꾸지 않는다면 다른 이와의 경쟁에서 뒤처질 가능성이 높습니다.

예를 들어 지금까지는 변호사나 의사의 경우 관련 분야의 전문지식을 보유하는 것 자체로 사회경제적으로 차별적 지위를 누렸습니다. 그러나 인공지능이라는 새로운 도구가 등장한 시점부터는 변호사나 의사 사회 내부에서도 인공지능의 활용도가 어느 수준이냐에 따라 다시 한번 초격차가 발생하게 될 것입니다.

인공지능은 만병통치약이 아닙니다. 나를 완전히 대신할 수 있는 것도 아닙니다. 그러나 이 놀라운 계산기계가 우리의 학습 능력을 증강시켜 줄 것이라는 데는 의심의 여지가 없습니다. 이 새로운 계산기계를 어떻게 사용하느냐에 따라 더 정확하고 빠른 판례 분석을 할 수도 있고 환자의 병을 더 조기에 진료하고 치료할 수도 있으며, 심지어는 더 재밌는 소설을 쓸 수도 있습니다.

직업의 미래는 뜨는 직업과 지는 직업으로 나뉘기보다 인공지능을 자신의 직업에 적절하게 활용할 줄 아는 사람과 그렇지 못한 사람으로 나뉘게 될 것입니다. 여러분이 무슨 일을 하든 얼마나 능숙하고 창의적으로 인공지능이라는 도구를 다루느냐에 따라 동일 직종 내부에서도 초격차를 경험하게 될 것입니다.

법률
솔로몬의 오른팔로 육성하라

멀고도 가까운 것은 이웃만이 아닙니다. 법이야말로 멀고도 가까운 당신입니다. 법은 일상의 모든 곳에 스며들어 있지만 문제가 생기기 전까지는 그 존재 여부를 제대로 인지하지도 못합니다. 그런데 막상 문제가 생기고 나서 '법대로 하려고 하면' 그제서야 상황의 심각성을 인지하게 됩니다. 법대로 하고 싶지만, 법대로 한다는 게 무슨 뜻인지조차 정확하게 알 수 없기 때문입니다. 마음 단단히 먹고 법전을 뒤적여 봐도 막막하기만 합니다. 분명히 한국말로 쓰여 있는데 도대체 무슨 소린지 알 수가 없어 화병이 생길 지경입니다. 바로 이때,

우리의 응어리진 마음을 풀어 줄 백기사가 있으니, 우리는 이들을 변호사라고 부릅니다.

지금까지 법적 문제가 생겼을 때, 소비자가 취할 수 있는 유일한 선택지는 변호사였습니다. 작은 사건이건 큰 사건이건 변호사를 찾아가는 것 이외에 대안이 없었습니다. 사정이 이렇다 보니 법률 시장은 소비자 친화적이기보다 공급자 친화적이고, 법률 서비스를 공급하는 법조인을 중심으로 한 다소 폐쇄성을 띤 시장이었습니다. 그러나 앞으로 인공지능이 도입됨에 따라 선택지가 늘어난다면, 법률 시장이 좀 더 소비자 친화적으로 변화할 가능성이 엿보입니다.

모두를 위한 법률 대리인, 인공지능

변화는 아주 구체적이고 특정한 업무 영역에서부터 시작될 것으로 보입니다. 법률 지식이 아무리 방대하다고 해도 범위가 특정되면 인공지능의 학습 효과가 좀 더 분명하게 나타날 수 있기 때문입니다. 공인중개사의 업무에 도입된 인공지능이 좋은 사례입니다.

공인중개사들은 매 거래마다 물건의 권리관계를 확인해야 하는데, 전문적이지만 매우 반복적이고 지루한 업무이기도 합니다. 따라서 이를 자동화할 수 있다면 업무처리의 효율성과 거래의 안전성을 동시에 높일 수 있습니다. SK C&C와 법무

법인 한결은 로빈LAWBIN이라는 '부동산 권리분석 인공지능'을 선보였습니다. 전세 계약을 하거나 매매 계약을 체결할 때 부동산 거래와 관련된 법적 문제를 보조해 주는 인공지능입니다.

사용법은 간단합니다. 거래하고자 하는 물건의 주소만 입력하면 인공지능이 등기부등본과 건축물대장을 통해 사실관계와 권리관계를 자동으로 분석합니다. 전세와 매매, 매수와 매도, 거래 금액 등의 정보를 입력하면 물건에 관련된 권리관계 분석을 통해 거래의 위험 등급을 4단계로 답해 주고 각 단계에 해당하는 적절한 조언도 붙여줍니다.

잘못된 계약 한 번으로 전 재산을 잃을 수도 있는 것이 부동산 계약이라는 점에서, 만일 이 서비스가 일반에게도 공개된다면 소비자가 누리는 혜택은 상당히 커질 것입니다. 부동산 사기계약을 방지할 수 있을 뿐만 아니라 좀 더 투명하고 안전한 거래가 가능해져서 부동산 거래의 활성화에도 기여할 수 있습니다. 그러나 한편으로 공인중개사들의 업무 영역을 침범할 수 있다는 점에서 논란을 초래할 수 있습니다.

이미 스마트폰 속으로 들어온 인공지능 법률 서비스도 있습니다. 스탠퍼드대학교를 다니던 학생이었던 조슈아 브로우더Joshua Browder가 18세 때 개발한 두낫페이DoNotPay가 바로 그것입니다. 애플리케이션의 이름에서도 알 수 있듯이 "불필요한 변호사 비용을 지불하지 말라"는 뜻에서 시작된 서비스입니다. 불법주차로 벌금을 납부하게 된 이 학생은 벌금 납부에

DoNotPay 4+
joshua browder
★★★★ · 3.9, 261 Ratings
Free

Screenshots iPhone iPad

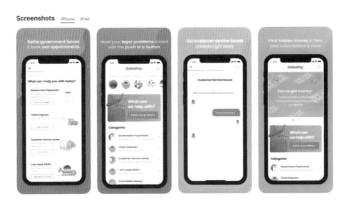

인공지능 법률 서비스 두낫페이

대한 상담을 위해 변호사와 접촉한 후 비싼 처리 비용에 놀라
서 이 시스템을 개발했습니다.

사용 방식은 매우 간단합니다. 챗봇 형식으로 작동하는 애
플리케이션을 켜면 인공지능이 몇 가지 질문을 던지는데 여
기에 답하기만 하면 저절로 관련 서류의 작성까지 마무리해
줍니다. 과거에는 관련 서류를 작성하기 위해서 변호사 상담
이 거의 필수적이었다는 점에서 법률 소비자 입장에서는 두
팔 벌려 환영할 만합니다.

맨 처음에는 교통범칙금에 관한 것으로만 서비스를 시작

했던 두낫페이의 경우 비행기 티켓 환불, 배송 지연, 은행 수수료 등 약 50가지 이상의 분야로 확장하고 있습니다. 아직까지는 모든 서비스를 무료로 제공하고 있지만, 앞으로 서비스를 더욱 전문화하면서 유료 서비스로의 전환을 고려하고 있다고 합니다. 유료 서비스로 전환한다고 하더라도 소비자 입장에서는 마다할 이유가 크지 않습니다. 이와 관련해 가트너Gartner의 부사장 스티브 프렌티스Steve Prentice는 2017년 한 언론과의 인터뷰를 통해 다음과 같이 이야기했습니다.

"인공지능의 경제는 기존에 고급 전문직이 수행하던 업무를 값싸게 공급할 것이다. 지금은 고가에 제공되는 서비스일지라도 차차 수도, 전기, 가스와 같은 유틸리티로 변해갈 것이다."

지금은 매우 높은 마진이 붙어 제공되는 지식 서비스가 앞으로 인공지능과 같은 첨단 기술을 통해 수도나 전기 같은 사회적 인프라로 제공될 것이라는 전망입니다.

한편으로는 똑똑해지는 기계가 두렵기도 하지만 그 혜택을 우리 모두가 누릴 수 있다는 것은 분명한 장점입니다. 전문성을 독점했던 집단의 이득이 줄어드는 부작용이 발생하는 것은 사실이지만 똑똑해진 기계와 함께 법률 서비스의 양과 질을 개선할 수 있다는 것 역시 사실입니다. 이와 같은 이익의 충돌 문제는 법률에만 한정된 문제가 아니라 모든 전문 분야에서 공통적으로 발생하기 때문에 머리를 맞대고 모두에게 이익이 되는 방향으로 합의를 이끌어내야 합니다.

인공지능, 변호사의 조력자가 되다

로스쿨 도입으로 인해 배출되는 변호사의 수가 한 해 2천 명 수준으로 증가했다고는 하지만, 여전히 시장의 수요를 감당하기에는 충분치 않아 보입니다. 그런데 만일 인공지능이 변호사들의 업무를 도울 수 있다면 어떻게 될까요? 현재의 법조인력만으로도 좀 더 많은 업무를 저렴한 비용으로 처리할 수 있지 않을까요?

2014년에 첫 선을 보인 법률 인공지능 로스ROSS는 IBM의 왓슨Watson을 기반으로 하는 인공지능으로, 문장의 맥락에 따라 단어가 사용된 의미가 무엇인지를 파악할 수 있는 자연어처리 기술이 적용됐습니다. 인간이 앞뒤 문맥에 따라 단어의 뜻을 가려내듯 인공지능도 그것을 할 수 있도록 디자인된 것입니다.

우리가 일상적으로 사용하는 언어로 사건의 주제, 진행율 같은 관련 사항을 로스에게 물어보면 됩니다. 예를 들어 "파산한 회사가 사업을 계속 영위할 수 있나?"와 같은 질문을 하면 로스가 미국 연방법원과 주법원의 모든 판례를 자동으로 분석해서 가장 연관성이 높은 판례들을 제시해줍니다. 물론 지금도 판례 검색 프로그램들이 존재하지만, 우리가 일상에서 사용하는 자연어를 기반으로 한 검색이 가능해졌다는 측면에서 상당한 진전이라고 볼 수 있습니다.

실제로 변호사들은 사건을 수임할 경우 비슷한 사건의 판례를 찾고 분석하느라 상당한 시간을 소모합니다. 송사 전체를 좌우할 수 있을 만큼 중요한 업무이지만 업무의 내용은 비교적 단조롭고 반복적이기 때문에 자동화하면 할수록 변호사에게도 이롭습니다. 게다가 인공지능이 사례를 검색해 주는 것에서 그치는 것이 아니라 가장 효과적인 논쟁 포인트를 거의 실시간으로 제시해 주기 때문에 비록 불완전하다고 할지라도 변호사들에게 도움이 될 수 있습니다.

미국의 경우, 지금까지는 판례를 수집하고 분석하는 업무는 신입 변호사들이 담당했다고 합니다. 신입 변호사들을 채용할 수 있는 여력을 갖춘 대형 로펌들은 별다른 영향을 받지 않을 수도 있겠으나 신입 변호사 채용에 어려움을 겪는 중소 규모의 로펌이라면 이와 같은 인공지능의 등장이 반가울 수도 있습니다. 이와 관련해 법률 관련 인공지능을 개발하고 있는 케이스마인CaseMine's의 설립자 아니루다 야다브Aniruddha Yadav는 이렇게 말했습니다.

"법률 인공지능은 신입 변호사의 능력을 향상시키는 데 기여할 수 있습니다. 신입 변호사들은 인공지능을 통해 경력직 변호사처럼 일할 수 있는 것은 물론이고 더 빨리 성장할 수 있습니다."

이러한 변화는 법률 교육시장의 변화로 이어지고 있는데 특히 로스쿨에서 변화를 감지하고 새로운 커리큘럼을 도입하고 있습니다. 미래의 변호사들에게 인공지능은 함께 해야 할 동반자이기 때문입니다. 예를 들어 하버드대학교는 변호사를 위한 프로그래밍 수업을 신설했습니다.

로스와 같은 기업은 좀 더 적극적으로 법률 교육 환경의 변화를 유도하고 있습니다. 로스는 2019년 11월부터 법학을 전공하는 학생들을 위한 학생 패키지Law School Program를 선보였습니다. 로스가 이런 정책을 시작한 것은 자신들의 서비스를 공개해도 될 만큼 서비스 품질에 어느 정도 자신감이 붙은 것으로 해석할 수 있습니다. 또한 미래의 법률가들이 인공지능에 친숙해지도록 유도함으로써 이들이 미래에 법률가로 편입되었을 때 인공지능이 법률가들 사이에 좀 더 안정적으로 정착될 것을 기대할 수 있습니다. 노스웨스턴대학교 법학과 교수로 재직 중인 로드리게스Daniel Rodriguez는 미래의 법률가들에게 이와 같은 교육 환경의 변화는 매우 중대한 것이며, 변화는 이제 시작에 불과하다고 평했습니다.

로스를 비롯한 법률 인공지능이 과연 어느 정도의 실력 발휘를 할 수 있을지는 더욱 철저한 검증을 거쳐야 하겠지만, 서비스 이용료가 그다지 비싸지 않다면 변호사 입장에서는 밑져야 본전이라는 마음으로 사용해 볼 만합니다. 로스의 경우 모든 기능을 이용할 수 있는 가격이 월 8만 원 정도에 불과합니다. 사실 월 8만 원이면 개인 소비자도 접근 가능한 가격입니다. 특히 로스는 전문법률용어가 아닌 일상적 언어를 사용해도 되기 때문에 일반인들도 사용할 수 있는 여지가 있습니다. 소비자의 입장에서는 변호사의 의견과 인공지능의 의견을 비교할 수 있는 기회를 가질 수 있다는 점에서 하나의 안전장치로 생각할 수도 있습니다.

본격적인 법률공부를 시작한 인공지능

로스와 같은 법률 인공지능이 더 나은 서비스를 제공하기 위해서는 더 좋은 학습자료를 더 많이 공부해야 합니다. 우리가 중고등학교 시절에 더 나은 참고서와 학원을 찾아 전전긍긍했던 것을 생각하면, 인간이나 인공지능이나 똑똑해지기 위해서 더 효율적으로 공부해야 한다는 점에서 차이가 없습니다. 그런데 인공지능에게 판례를 학습시킬 수 있도록 문서를 디지털화하여 공개하는 것을 두고 법조인들 사이에 찬반이 존재한다고 합니다. 기존 법조인 입장에서는 인공지능이 너무 똑똑해지는 것이 탐탁치 않기 때문에 중요한 문서를 학습자료로 제공하는 것을 꺼릴 수도 있습니다.

그런데 놀랍게도 세계 최고의 법학 명문으로 알려진 하버드대학교 로스쿨의 도서관혁신연구소The Library Innovation Lab가 5년에 걸쳐 준비한 끝에 무려 670만 건에 이르는 판례를 일반에게 무료로 공개하면서 변화를 주도하고 있습니다. 누구나 웹사이트https://case.law에 접속하면 1600년대부터 미국 연방법원과 주법원에 누적된 판례 4천만 장을 디지털 문서로 볼 수 있습니다. 이렇게 좋은 자료가 공개된 덕분에 인공지능도 똑똑해질 기회를 갖게 됐습니다. 연구소에서 판례 무료 공개 프로젝트의 책임자로 일했던 애덤 지글러의 말을 들어보면 이들이 왜 이런 결정을 했는지를 잘 알 수 있습니다.

"앞으로 더 많은 실험이 진행될 것이고 발전 속도는 가속될 것입니다. 하지만 인공지능이 학습할 수 있는 데이터가 없다면 똑똑한 인공지능을 만드는 것은 사실상 어렵습니다."

책 한 권을 400페이지라고 했을 때 4천만 페이지는 무려 10만 권에 이르는 분량입니다. 하루에 한 권씩 읽는다고 해도 274년이 걸립니다. 이만큼의 분량을 읽을 수 있는 사람은 이 세상에 존재하지 않습니다. 책 좀 읽었다는 사람도 불과 수천 권 정도에 그칩니다. 아무리 똑똑한 법률가도 이만큼 공부하기는 어렵습니다. 이 정도 분량을 학습할 수 있는 것은 오직 기계뿐입니다. 그렇다면, 여러분이 직접 공부하기보다는 똑똑한 기계의 힘을 빌어, 더 똑똑하게 일을 하는 편이 낫지 않을까요?

판결은 인간만의 것일까

우리나라 대법원 청사 앞에는 정의의 여신상이 있습니다. 왼손에는 법전을, 오른손에는 저울을 들고 있습니다. 앞에서 우리는 여신의 왼손에 들린 법전에 담긴 데이터를 인공지능이 학습할 수 있음을 살펴보았습니다. 그렇다면, 여신의 오른손이 들고 있는 저울이 뜻하는 '공정한 판결'에도 인공지능을 참여시킬 수 있을까요?

우리 국민을 대상으로 2018년에 실시된 조사에 따르면 사법부를 불신한다는 의견이 60%를 넘었습니다. 아마도 많은 사람들이 법이 시시때때로 다르게 적용된다고 느끼는 것 같습니다. 그래서일까요? 2018년 한 해에만 인공지능 판사를 도입하자는 의견이 청와대 국민청원 게시판에 60건 넘게 게재됐다고 합니다. 인공지능 판사를 구현하는 것이 기술적으로 얼마만큼 가능한가는 더 연구되어야 하겠지만 국민정서가 좀 더 공정한 사회를 원하고 있고 그것을 구현하는 데 있어 인공지능과 같은 신기술이 역할을 할 수 있다고 믿는 것은 분명해 보입니다.

국민들이 법조계에 대한 신뢰가 낮은 데에는 여러 이유가 있겠으나 그 원인의 하나로 판사들의 과중한 업무량을 지적할 수 있습니다. 놀랍게도 우리나라 국민이 5천만 명인데 비해 판사의 수는 고작 3천 명이 되지 않습니다. 판사 1명당 국민 1만 6천 명 정도를 담당한다는 계산이 나옵니다. 사건의 수로도 따져볼 수 있는데, 서울서부지방법원의 경우 판사 1명이 연간 본안사건 약 1천 건을 처리한다고 합니다. 사건당 검토해야 할 자료가 수백에서 수천 페이지에 이르는 것이 일반적이라고 할 때, 과연 아무리 훌륭한 법관이라도 이토록 제한된 시간에 이 많은 자료를 면밀히 검토하는 것이 가능한지 의문이 듭니다. 그래서인지 법조계 내부에서도 법률시장에 인공지능을 도입해야 한다는 목소리가 있다고 합니다. 인공지능이 일정한 역할을 할 수 있다면 판사들이 좀 더 본연의 업무에 충실할 수 있기 때문입니다.

사실 인공지능 판사는 이미 등장했습니다. 2016년, 유럽인권재판소ECHR는 수백 건의 판례를 분석해 법적 증거와 도덕적 판단을 고려하는 머신러닝 알고리즘을 구현했습니다. 인공지능이 학습을 한 방법은 다음과 같습니다. 연구진이 자료에 공표된 요약본을 토대로 법률 '위반' 또는 '위반 아님'으로 각각의 사례를 학습시킵니다. 이것은 이미지 인식 알고리즘에서 '강아지' 또는 '강아지 아님'으로 학습시키는 것과도 같은 방법입니다. 이처럼 인간이 인공지능에게 정해진 정답을 학습시키는 방법을 '지도학습'이라고 합니다. 이렇게 학습을 마친 인공지능에게 각각의 사건에 대한 판결을 내려 보도록 한 결과, 인간 판사들의 의견과 무려 79%나 일치하였습니다. 연구진에 따르면 인공지능의 판결에 가장 큰 영향을 미친 것은 '사건의 사실'이었습니다. 이것은 한편으로 다행이기도 합니다. 판사들의 '성향'보다 '사건의 사실'이 판결에 가장 큰 영향을 미쳤음을 뜻하기 때문입니다. 그런데 '사건의 사실'이 판결에 가장 큰 영향을 미치는 요인이라면, 이것은 역설적이게도 인공지능이 판결의 주체로 기능할 수 있는 가능성이 높다는 뜻도 됩니다.

그러나 현실에서는 인공지능이 단독으로 판결의 주체로 기능하기보다 판사들의 업무를 돕는 수단으로 활용될 가능성이 높습니다. 앞서 소개했던 인공지능 판사 연구를 주도한 니콜라오스 알레트라스Nikolaos Aletras 박사는 "인공지능 판사는 진짜 판사를 대신하기보다는 복잡한 사건들의 판결 패턴을 파악해 인간 판사의 판결에 도움을 줄 것"이라고 말했습니다. 변호사이자 법률 인공지능을 개발하고 있는 인텔리콘의 임영익 대표 역시, 한 언론과의 인터뷰를 통해 인공지능의 역할에 대해서 이렇게 말했습니다.

"법에는 정답이 없다. 누군가 사람을 때린 게 폭행인지 아닌지는 오로지 판사의 결정 영역이다. 이 의사결정을 AI에 맡기는 것은 근본적으로 불가능하고 그렇게 해서도 안 된다."

자연의 법칙이 어디에서도 동일하게 작동하는 '원리'라면 인간이 만든 제도인 법은 동일한 행위도 상황에 따라 다르게 적용되는 '해석'의 영역입니다. 변호사들이 동일 사건을 두고 다른 논리로 다툴수 있는 것이나 판사들이 비슷하게 보이는 사건을 다르게 판결하는 것 모두 법이 '해석'의 영역이기 때문입니다.

아무리 공부를 잘한다고 하더라도 법률과 같은 인문사회적인 영역에서 인공지능이 할 수 있는 것은 답안지를 작성해서 제출하는 것까지일 뿐, 그 답이 옳은 것인지 그른 것인지에 대한 해석은 오직 인간의 영역입니다. 따라서 인공지능은 '솔로몬 그 자체'이기보다 '솔로몬의 오른팔'이 될 가능성이 높습니다. 법률가와 인공지능이 협력관계를 이루고, 이를 통해 법률가의 능력을 증강시킬 수 있다면, 그 역량의 증강분만큼 사회는 좀 더 공정한 방향으로 일보 전진할 수 있지 않을까요?

참고문헌

■ DoNotPay. https://donotpay.com/

■ Forbes. (2017. 06. 14). Can Robots Replace Lawyers? This Indian AI Startup Is Making A Case For Legal Tech.

■ Gartner. (2019. 05. 09). Gartner Says Artificial Intelligence Could Turn Some Skilled Practices Into Utilities.

■ Harvard Law School. Case Access Project. https://case.law/

■ MIT Tech Review. (2019. 01. 21). AI is sending people to jail—and getting it wrong.

■ ROSS Intelligence. https://rossintelligence.com

■ 경향신문. (2018.07.12). 대한민국 판사, 당신은 누구인가.

■ 연합뉴스. (2016.10.03). 대법관 1명이 1년동안 3천건 처리⋯상고심 개선 필요.

■ 조선일보. (2018.03.03). 변호사가 만든 AI 변호사, 日 민법시험 2년 연속 1등.

■ 한겨레. (2018. 11. 24). 판례분석에서 법률상담까지⋯AI 변호사시대 열리나.

휴게실 토크

유틸리티로서의 인공지능과 전문성의 민주화

앞으로는 법률지식을 법률가에게만 저장하는 대신에 인공지능에게도 저장하는 선택지가 고려될 수 있습니다. 지금까지 법률지식은 공부를 하고 시험을 쳐서 자격을 취득한 법률가의 것이었지만, 이 지식을 인공지능에게도 학습시킨다면 법률지식은 법률가의 배타적 지식에서 사회적 공공재로 전환될 수 있습니다. 바로 이 지점에서 유틸리티로서의 인공지능의 가능성을 엿볼수 있습니다.

인공지능의 세계적 석학 앤드류 응Andrew Ng은 이를 두고 "인공지능은 다음 세대의 전기"라고 했습니다. 이게 무슨 소리냐구요? 오늘날 전기의 쓰임새를 생각해 보죠. 소소한 일상에서부터 국가 차원의 중대사까지 우리의 삶 전체가 전기 플러그에 연결되어 있습니다. 전기 없는 세상을 상상조차 할 수 없을 정도입니다. 이처럼 누구에게나 어디에서나 사용할 수 있도록 국가 차원에서 제공되는 서비스를 유틸리티utility라고 부릅니다. 도로, 항만, 전기, 가스, 수도, 하수처리시설 같은 것이 대표적입니다.

여러분이 맞이할 시대에서 인공지능은 더 이상 특별한 것이 아닙니다. 오히려 어디에서나 활용되는, 유틸리티가 될 가능성이 높습니다. 흔하디 흔해서 그것이 있는지조차 자각하기 힘들 정도로 당연한 것이 될 것입니다.

지금 인류가 개발 중인 인공지능을 잘 사용하기만 한다면 법률, 의료, 금융, 과학, 예술 등 인류가 축적해 온 온갖 전문지식을 마치 전기나 가스와 같은 공공재처럼 어디에나 흘려 보낼 수 있습니다. 수도꼭지만 틀면 깨끗한 물이 쏟아져 나오듯, 플러그만 꽂으면 힘센 전기가 뿜어져 나오듯, 세상의 모든 지식은 인공지능을 통해 학습되고 저장되고 가공되고 서비스될 수 있습니다. 정말 이렇게 된다면 직종 간 정보격차로 인해 발생했던 여러 사회 문제들이 해결될 수 있을지도 모릅니다.

앞에서는 같은 직종 내에서 인공지능의 활용도에 따라 초격차가 발생할 것이라는 이야기를 했습니다만 이와는 반대로 다른 직종에 종사하는 사람들 사이에서는 오히려 정보격차를 축소시켜서, 이른바 전문성의 민주화에 이바지할 수 있을 것입니다.

의료
히포크라테스를 새로운 메스로 무장시켜라

    의료는 진단, 치료, 수술, 관리, 예방, 간호 등 세분화된 여러 분야가 복잡하게 얽혀 있습니다. 특히 사람의 생명을 직접적으로 다루는 직업이기 때문에 높은 신뢰성을 담보할 수 있어야 하며, 그래서 의료인으로 배출되기까지 강도 높은 수련을 거쳐야 합니다.

    의료 역시 법률과 마찬가지로 수요보다 공급이 부족한 시장입니다. 우리나라는 환자 당 의사의 비율이 500명에 1명 꼴로 OECD 최하위 수준입니다. 최대한 많은 환자를 보아야 하는 의사와 세밀하고 정확한 진료를 받고 싶은 환자가 양립될 수밖에 없는 상황입니다. 만약 인공지능이 의료 지식을 학습할 수 있고, 이를 토대로 병을 진단하고 예방하고 간호하는 일에 참여할 수 있다면 의료진에게도 환자에게도 모두 이로운 의료 환경이 마련될 것으로 기대됩니다.

현대 의학은 지금으로부터 약 2,500년 전에 살았던 히포크라테스로부터 시작되었다고 합니다. 의학의 발달은 체계적 의료 지식의 누적과 그 궤를 함께하고, 의료 지식의 축적은 다시 기술의 발달과 깊은 상관 관계를 맺습니다. 인체를 가를 수 있는 예리한 메스나 몸속 소리를 들을 수 있는 청진기 같은 도구가 개발될 때마다 좀 더 정확한 의료 지식을 축적할 수 있었습니다. 현미경이나 엑스레이도 큰 기여를 했습니다. 그리고 이제는 그 바통을 인공지능이 이어받았습니다. 인공지능은 히포크라테스의 새로운 메스가 될 것입니다.

기계의 눈으로 인간을 들여다보다

의사가 처방을 내리기 위해서는 올바른 진단을 내리는 과정이 선행되어야 합니다. 감기와 같이 대화를 나누는 것만으로도 어느 정도 진단이 가능한 병도 있지만, 폐렴이나 유방암과 같이 해당 부위의 사진을 찍은 다음 이미지 판독을 통해 진단을 내려야 하는 병도 있습니다. 인공지능은 이처럼 이미지 판독을 통한 병의 진단에서 탁월한 활약을 할 수 있을 것으로 기대됩니다. 딥러닝이라고 불리는 오늘날의 인공지능이 가장 잘 하는 일 중 하나가 이미지 분류와 예측이기 때문입니다. 피부암이나 유방암 같은 병을 진단하기 위해서는 해당 부위에 대한 영상이 필요한데, 더 많은 영상을 학습한 쪽일수록 더 정확한 판단을 내릴 가능성이 높습니다. 그런데 인공지능은 인간에 비해 더 많은 양의 데이터를 더 빠르게 학습할 수 있기 때문에 영상 판독을 통해 병을 진단하는 일에 있어서 인간 의사와 대등하거나 인간 의사를 능가할 수 있을 것으로 전망됩니다.

스탠퍼드대학교의 연구진은 피부암을 진단할 수 있는 인공지능을 개발했는데 진단 정확도가 피부과 의사와 대등했습니다. 중국의 거대 IT기업인 바이두는 유방암을 진단하는 능력이 인간 의사를 능가하는 인공지능을 개발했다고 발표했습니다. 중국에서는 대장내시경 검사에서 진단할 수 있는 인공지능도 개발됐는데, 이 인공지능은 인간 의사들이 놓치기 쉬운 5mm 이하의 작은 용종polyp들을 발견하는 데 뛰어난 성능을 보였습니다.

구글도 영상 판독을 통해 당뇨병성 망막증을 진단할 수 있는 인공지능을 개발했습니다. 무려 88만 건의 데이터를 학습한 인공지능은 2016년에는 일반 안과 의사의 수준의 정확도를 보였고 2018년에는 망막 전문의 수준에 도달했습니다. 구글의 인공지능은 인간 의사들이 미처 발견하지 못한 패턴도 발견하기 때문에, 앞으로 진단 정확도에서 인간 의사를 앞지

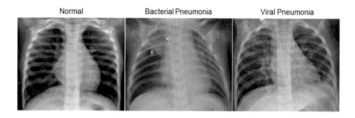

정상인 · 세균성 폐렴 · 바이러스성 폐렴 환자의 가슴 사진 (Kermany et al., 2018)

를 수 있을 것으로 전망됩니다. 그런가 하면 눈의 망막 사진을 보고 남성인지 여성인지를 판별할 수 있는 인공지능도 개발되었습니다. 안과 전문의들의 정확도가 50% 수준인데 비해 인공지능의 정확도는 무려 97%에 달했습니다.

과학 학술지 『셀Cell』에서는 전이학습transfer learning 을 사용한 의료 이미지 판독 인공지능이 발표되었습니다. 전이학습이란 이미 알고 있는 지식을 바탕으로 비슷하지만 새로운 문제를 학습하는 것을 말합니다. 예를 들어 사과를 깎는 법을 아는 사람은 그것을 모르는 사람보다 배를 깎는 법을 좀 더 쉽게 배울 수 있을 것입니다. 연구진은 바로 이런 점에 착안해 일반적인 이미지 분류를 해 본 인공지능에게 그 경험을 바탕으로 의료 이미지를 학습시켜 보았습니다. 그 결과, 눈 질환 이미지를 학습한 인공지능은 황반변성 및 당뇨성 황반부종을 95% 이상의 정확도로 진단했습니다.

이 연구진은 여기서 한발 더 나아가 동일한 방식의 인공신

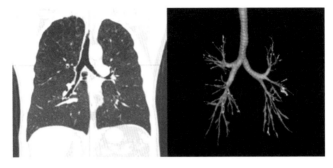
흉부 CT 사진(좌측)과 기관지 AI 분석 결과(우측) 비교 사진 (서울아산병원)

경망을 사용해 이미지 판독으로 병을 진단하는 것을 일반화할 수 있을지 알아보기 위해 엑스레이로 촬영된 어린이 환자의 폐렴 사진을 학습시켰습니다. 총 5,232장의 어린이 환자의 가슴 사진을 학습시켰는데, 이 중 1,349명은 정상이었고 3,883명은 폐렴 환자였습니다. 실험 결과 인공지능은 92.8%의 정확도로 폐렴 환자의 이미지를 판독했습니다. 또한 세균성 폐렴과 박테리아성 폐렴도 90.7%의 정확도로 분류했습니다.

　국내 연구진도 영상을 학습시켜 폐 속 미세한 기관지를 확인할 수 있는 인공지능을 개발했습니다. 서울아산병원 융합의학과 김남국 교수와 영상의학과 서준범 교수팀이 개발한 인공지능은 흉부 CT영상을 학습했고 이를 통해 체내 미세기관지를 평균 2분만에 90%의 정확도로 진단하는 데 성공했습니다.

　폐질환을 진단하기 위해서는 미세한 기관지까지 모두 분석해야 하는데 기관지는 나뭇가지처럼 계속 갈라져서 그 두

께가 약 1mm 이하가 되어 눈에 보이지 않는 경우가 많다고 합니다. 따라서 인간 의사들이 놓치는 경우가 많은데, 인공지능과의 협업을 통해 인간 의사들이 병의 진단과 치료에 도움을 받을 수 있을 것으로 전망됩니다. 이에 대해 이 인공지능을 개발한 김남국 교수는 이렇게 말했습니다.

"의료진이 검사 영상에서 모든 기관지를 찾기 어려운 만큼 90%의 정확도로 기관지를 찾아내는 건 매우 의미 있는 결과이다. 인공지능으로 미세기관지를 찾아낸 후 영상의학 전문의가 추가로 분석하면 중증 폐질환을 더욱 빠르게 진단할 수 있을 것으로 기대된다."

이처럼 영상 학습을 통해 병을 진단하는 인공지능은 어떤 영상을 학습시키느냐에 따라 진단 영역을 확장할 수 있습니다. 흉부를 촬영한 엑스레이 사진을 학습시키면 폐렴을 진단할 수 있고 유방을 촬영한 영상을 학습시키면 유방암을 진단할 수 있는 식입니다.

앞에 소개된 사례들의 공통점은 인공지능을 학습시키기 위해 합성곱신경망Convolutional Neural Network, CNN을 사용했다는 점입니다. 다음 쪽의 위 그림에서 합성곱신경망에 이미지넷 데이터 세트를 학습시켜서 1천 개의 카테고리로 사물을 분류할 수 있는 것처럼, 비슷한 방식으로 의료 이미지를 학습시켜서

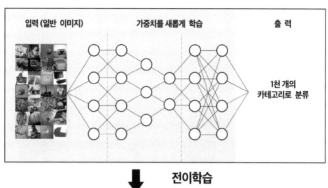

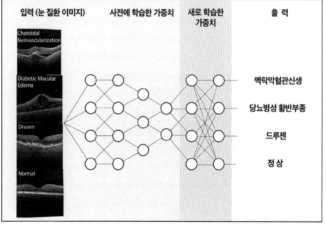

일반적 이미지 분류에 사용된 알고리즘(위)과
전이학습으로 의료 이미지를 학습한 알고리즘(아래) (Kermany et al., 2018)

눈질환을 분류할 수 있는 인공신경망을 개발할 수 있음을 보여줍니다.

그런데 이세돌 기사를 이겼던 알파고도 의료 이미지를 판독하는 데 사용된 합성곱신경망을 사용했다는 점이 흥미롭습니다. 바둑과 의료는 공통점이 없는 것처럼 보이지만 바둑판도 눈으로 봐야 하고 의료 사진도 눈으로 봐야 한다는 점에서 공통점이 있으며, 그런 이유에서 이미지 처리에 훌륭한 성과를 보이는 합성곱신경망으로 문제 해결에 접근할 수 있습니다. 이렇듯 이 인공신경망은 자율주행, 그림 그리기 등 이미지와 관련된 문제를 푸는 데 폭넓게 사용되고 있으며, 이런 점에서 오늘날 딥러닝이 가진 잠재력을 다시 한번 생각하게 됩니다.

경청, 내 마음을 위로하는 인공지능

인간은 매우 미묘한 동물입니다. 정신과 물질이라는 두 개의 층위가 복잡하게 얽힌 채로 삶을 영위하기 때문입니다. 이런 복잡성은 병원을 찾는 환자들에게서도 발견됩니다. 두통이나 복통이 있어서 병원을 찾지만 의사 선생님도 뾰족한 원인을 찾지 못할 때가 있습니다. 이런 경우 스트레스가 원인인 경우가 많습니다.

스트레스는 마음을 병들게 합니다. 그런데 병든 마음을 진단하고 치료하는 것이 생각만큼 쉬운 일이 아닙니다. 마음은 사진을 찍어도 보이지 않고 청진기로 들어도 들리지 않기 때문입니다. 우리의 병든 마음은 약물로 치료하기도 하지만, 많은 경우에 상담을 병행합니다.

'경청'은 굉장히 인간적인 능력으로 여겨집니다. 누군가가 내 이야기를 들어주는 것만으로도 큰 위안을 받기도 합니다. 정신과 상담의들은 내담자의 이야기를 들어줌으로써 내담자 스스로 치유될 수 있도록 돕습니다. 그런데 이 과정이 말처럼 쉽지 않습니다.

환자 입장에서 보면, 아무리 의사라고 하지만 자신의 은밀한 이야기를 털어놓는 것이 부담일 수밖에 없습니다. 우리가 병원을 찾는 이유 중 하나는 가족에게도 친구에게도 그 이야기를 털어놓기가 힘들기 때문입니다. 만일 내 주위에 그 이야기를 들어줄 사람이 있다면 의사 선생님에게까지 가지 않았을지도 모릅니다.

환자들의 이런 고민은 미국 서던캘리포니아대학교USC의 연구에서도 확인됩니다. 아무리 의사라고 해도 사람들은 타인에게 자신의 비밀이 노출되는 것을 꺼리기 때문에 의사보다 기계에게 자신의 비밀을 이야기할 가능성이 높은 것으로 나타났습니다.

이와 같은 연구 결과에 기반해서 미국의 한 스타트업은 인공지능 심리상담 프로그램 워봇woebot을 출시했습니다. 이 프로젝트에는 인공지능의 세계적 권위자인 앤드류 응이 참여한 것으로 알려졌습니다. 이들은 우울증과 같은 마음의 병을 호소하는 사람들이 날이 갈수록 증가하는 반면에 의사의 숫자는 부족하다는 데에 주목했습니다. 또한 사회적 편견이 줄어

KT 9:21

So jae, what do you think?

Are you ready to start our 8-week program?

Yes, I'm in

Woohoo

I'm excited to get to know you!

Cool   I'm excited too!

스마트폰에서 워봇과 상담하는 장면

들고 있다고는 하지만, 여전히 많은 사람들이 정신적인 문제로 병원을 방문하는 것을 꺼린다는 점도 놓치지 않았습니다. 그래서 이들은 사람들이 병원을 직접 가지 않거나 의사를 대면하지 않고서도 채팅을 통해 정신과 상담을 받을 수 있는 인공지능을 개발했고, 워봇이라는 이름을 붙였습니다.

워봇의 장점은 다양합니다. 워봇은 잠을 자거나 먹을 필요가 없기 때문에 24시간 일할 수 있습니다. 따라서 환자가 우울을 경험하는 시간이 새벽 3시여도 상관이 없고, 일요일이어도 상관이 없습니다. 또한 의사가 아닌 인공지능과의 상담이기 때문에 사생활 노출에 대한 걱정도 덜 수 있습니다. 게다가 인공지능은 인간 의사와는 비교할 수도 없을 만큼 많은 환자를 상대하면서 경험을 쌓을 수 있습니다. 인간 의사 한 명이 상담할 수 있는 환자가 하루에 10~20명 정도라면 워봇은 수백만 명의 환자와 동시에 채팅을 진행할 수 있기 때문에 엄청난 양의 상담 내용을 체계적으로 누적시킬 수 있고, 이렇게 누적되는 데이터 그 자체만으로도 의료적 가치가 매우 높을 것으로 기대됩니다. 게다가 의사의 정신건강에도 도움이 됩니다. 상담이라는 것이 감정노동이기 때문에 환자의 우울한 이야기를 계속 들어주다 보면 의사의 정신건강에도 영향을 미칠 수 있다는 점에서 워봇의 활용은 인간 의사에게도 도움이 될 것입니다.

그렇다면 인공지능은 정신과 의사와 어떤 관계를 맺게 될까요? 워봇의 CEO인 앨리슨 다시^{Alison Darcy}는 워봇이 인간 심리상담가를 대체할 일은 없을 것이며, 오히려 심리상담을 받지 못하는 수많은 사람들을 도울 수 있는 기회가 될 것이라고 말합니다.

의사의 능력을 증강시키는 인공지능

MIT에서 컴퓨터과학을 가르치는 바질라이^{Regina Barzilay} 교수는 2014년에 유방암 진단을 받았습니다. 자신의 병을 어떻게 치료할 수 있을지에 대해 관심을 갖게 된 바질라이 교수는 자연스럽게 병원의 의료 기술에도 관심을 갖게 되었습니다. 그런데 막상 병원에서 사용하는 정보기술의 실태를 보고 매우 놀랐다고 합니다. 컴퓨터과학자의 입장에서 볼 때 상당히 원시적인 수준으로 보였기 때문입니다.

> "병원에서 사용하는 정보기술이 너무 원시적이어서 매우 충격을 받았다. ⋯ 치료를 받을 때마다 항상 불확실한 지점이 있었는데, 이를 해결할 수 있는 기술이 있기를 바랐다."

병원에 수많은 자료들이 있음에도 불구하고 그것이 제대로 활용되고 있지 못하다는 것을 발견한 바질라이 교수는 자신의 연구분야마저 바꾸는 결심을 합니다. 이전에는 컴퓨터를 활용해 고대 문서를 분석하는 연구를 했지만, 유방암으로 인해 삶이 망가진 이후로 컴퓨터를 활용한 유방암 연구쪽으로 방향을 변경한 것입니다. 그러나 이런 변화가 순조로웠던 것만은 아니었습니다. 국립연구재단 등에서 바질라이 교수의 연구 아이디어에 별 관심을 주지 않았고 연구비 지원도 하지 않았기 때문입니다. 그러나 하버드대학교 방사선과에서 유방 이미지를 연구하고 있는 레만Connie Lehman 교수를 만나면서 연구를 본 궤도에 올립니다. 레만 교수는 풍부한 자료를 가진 반면 분석기술의 전문성이 다소 부족했고, 바질라이 교수는 자료를 갖고 있지 않은 반면에 상대적으로 전문적인 분석기술을 갖고 있었기 때문에 이 둘의 만남은 찰떡궁합이었습니다.

이들은 일단 유방 밀도breast density를 측정할 수 있는 딥러닝 시스템을 개발했습니다. 인간 의사의 경우 유방 밀도를 측정하는 데 개인 편차가 있기 때문에 일관성 있는 측정 시스템을 개발하는 것은 매우 의미 있는 일이었습니다. 조금 낙관적일 수도 있지만, 레만은 2022년에는 평균적인 방사선과 의사와 대등한 수준으로 유방영상mammograms을 판독할 수 있는 인공지능을 개발할 수 있을 것으로 보고 있습니다. 또한 기계가 사람이 가르쳐 주는 것만 아는 것이 아니라 기계 스스로 배울 수 있을 것이라고 이야기합니다.

"기계에게 어떤 일을 가르칠 수 있다. 그러나 더 중요한 것은 기계가 기계 스스로를 가르치게 할 수 있다는 것이다. 이것이 인공지능의 힘이다. 이것은 단순히 연구진이 제공한 규칙에 따라 일을 자동화하는 것이 아니라 기계 스스로 어떤 규칙을 만들어 내게 하는 것이다."

이들은 기계가 유방영상을 잘 판독할수록 의사에게도 이로울 것으로 보고 있습니다. 의사가 모든 환자의 영상을 다 판독할 필요가 없어지기 때문입니다. 지금까지는 100명의 환자가 방문하면 의사는 무조건 100명의 영상을 모두 판독해야 했습니다. 그러나 기계가 정상으로 보이는 50명을 걸러내 준다면, 의사는 질병이 의심되는 나머지 50명의 사진만 정밀 판독하면 됩니다. 기계와의 협진을 통해 의사의 업무량이 감소하는 효과를 낼 수 있는 것입니다. 이렇게 얻은 여분의 시간에 의사는 더 중요한 의료 행위를 할 수 있게 됩니다. 여기서한발 더 나아가 바질라이 교수와 레만 교수는 지금까지 인간의사들이 냈던 성과보다 더 높은 성과를 낼 수 있는 기계를개발하는 일에도 도전하고 있습니다.

예를 들면 인공지능이 유방영상을 보고 조직검사가 필요한지 여부를 답하게 하는 것입니다. 비용적인 측면에서나 여성의 건강 측면에서 불필요한 조직검사는 피할수록 좋기 때문에 이런 시스템이 개발된다면 환자들에게 큰 혜택을 줄 수있습니다. 바질라이 교수와 레만 교수는 이 인공지능 판독기술을 통해 약 30%의 조직검사를 줄일 수 있을 것으로 기대하고 있습니다.

또한 이들은 미래의 유방암 발병 가능성을 예측하는 인공지능도 개발하고 있습니다. 지금까지 유방암의 진단은 현재상황에서의 병의 유무를 판독하는 것이었습니다. 그러나 이들이 개발한 인공지능은 현재의 상태뿐만 아니라 2년 후, 3년 후, 10년 후의 발병 가능성에 대해서도 예측해 줍니다. 인공지능의 예측이 신뢰할 수 있는 수준이라면 유방암에 대비할 수 있는 길이 열리는 것입니다. 매년 50만 명 이상의 여성이 유방암으로 인해 죽는다고 하니 인공지능이 생명을 살리는 일에 실질적인 기여를 할 수 있을 것으로 보입니다. 레만 교수는 생명을 살리겠다는 절박함이 기술보다 우선시되어야 하고, 더 나아가 새로운 철학으로까지 이어져야 한다고 이야기합니다.

"우리는 변화를 너무 두려워한다. 우리는 우리의 직업이 없어질까 봐 노심초사한다. 우리는 지금까지 해 오던 방식이 변하는 것을 너무나도 무서워한다. 그러나 이제는 다르게 생각해야 한다."

인공지능은 수술의 자동화에도 기여하게 될 것으로 전망됩니다. 인간 의사가 수술실 밖에서 말을 하면 인공지능이 음성 인식을 통해 로봇 팔을 움직여 수술을 하는 식입니다. 이와 관련하여 국내의 한 언론사와 인터뷰를 한 마이크로소프트의 돈Rudiger Dorn은 다음과 같이 말했습니다.

"맥도날드의 '드라이브 스루'에서 고객의 음성을 인식해 자동으로 주문을 처리하는 인공지능은 현실이 됐습니다. 이 기술이 의료에 적용되면 미래에는 의사의 육성 지시를 인공지능이 이해하고 로봇이 대신 수술하게 될 것입니다."

물론 현실에서 이런 일이 일어나기까지는 아직 상당한 시간이 필요할 것으로 보입니다. 자율주행과 로봇에 의한 자동 수술을 총 5단계로 나누어 비교한 자료에 따르면 자율주행은 2019년 현재 5단계 중 4단계 또는 5단계에 이르러 거의 완전한 자율주행에 이른 것으로 평가되는 반면, 로봇 수술은 5단계 중 아직 1단계 정도에 이른 것으로 평가되고 있기 때문입니다.

구분	자율주행차	로봇 수술
1단계	차선 유지	절개와 봉합
2단계	도로에서 앞뒤 간격 유지	몇 가지 업무의 자율 수술
3단계	부분 자율주행/사람이 핸들 조정	부분 자율수술/의사가 핸들 조정
4단계	완전 자율주행/핸들 있음	완전 자율수술/핸들 있음
5단계	완전 자율주행/핸들 없음	완전 자율수술/핸들 없음

그럼에도 불구하고 인공지능과 로봇에 의한 자동 수술은 의사와 환자 모두에게 긍정적으로 작용할 것으로 보여 빠르게 발전할 것으로 예상됩니다. 수술은 의사에게도 위험이 따르는 업무입니다. 특히 의사의 경우 나이가 들수록 경험과 지식은 누적되는 반면에 근육이 노화되고 시력이 저하되는 등 수술을 하기에 불리한 신체적 조건이 늘어나기도 합니다. 오랜 기간 축적한 노련미는 살리면서도 뛰어난 물리적 운동이 뒷받침되어야 하는 수술의 집도를 로봇에게 맡길 수 있다면, 경험 많은 의사와 위독한 환자 모두에게 좋을 것입니다.

인공지능을 비롯한 기술의 발달로 인류는 이제 새로운 의학의 청사진을 그리고 있습니다. 앞으로의 의료는 3P의 관점에서 변화가 예상된다고 합니다. 지금까지의 의료가 병이 생긴 사람을 '치료'하는 데 중점을 두었다면 앞으로는 병이 생기기 전에 미리 예측하여Predictive 병이 발병하는 것을 예방하고Preventive, 각 개인의 상황에 따라 맞춤형Personalize 의료를 제공하는 것이 중요해질 것입니다.

예방의학은 전염병이나 감염성 질병과 같이 사회 전체에 영향을 미치는 병에 대해 연구합니다. 그런데 전염병이나 감염성 질병은 환자 개인의 특성은 물론이고 환경적 요인과 사회문화적 요인에 이르기까지 다양한 원인에 영향을 받기 때문에 그만큼 검토해야 할 요인도 늘어납니다. 또 일부 환자에 대한 연구만으로는 부족하고 사회 구성원 대다수에 대한 장기간에 걸친 추적연구가 요구됩니다. 필연적으로 엄청난 양의 데이터가 쌓이게 됩니다. 당연히 대량의 데이터를 분석해야 하기 때문에 인공지능이 실력 발휘를 할 가능성도 높아집니다.

병을 예방하는 방법 중에는 인공지능을 사용한 추천 시스템도 있습니다. 이 시스템은 유튜브나 넷플릭스와 같은 콘텐츠 서비스, 아마존과 같은 쇼핑 서비스에서도 사용됩니다. 예를 들어 A 음악을 자주 듣는 사용자가 B 음악도 자주 듣는 경향이 발견된다면, A 음악을 들은 사용자에게 B 음악을 추천할 수 있습니다. 마찬가지로 A와 B라는 상품을 동시에 구매하는 사용자가 많다면, A 상품만 구매하려는 소비자에게 B 상품도 추천할 수 있습니다. 이런 원리를 병의 예측에 적용할 수 있습니다. 예를 들어 A라는 병에 걸린 사람이 나중에 B라는 병에 걸릴 확률이 높다면, 이를 토대로 A라는 병에 걸린 사람이 B라는 병에 걸리지 않도록 미리 예방 활동을 할 수 있습니다.

우리의 뇌만 사용해서 수억 건에 이르는 데이터를 분석하는 것은 쉬운 일이 아닙니다. 이미 우리는 이 일을 더 잘 처리하기 위해 계산기도 사용하고 엑셀도 사용하고 통계 프로그램도 사용합니다. 인공지능은 이 일을 우리보다 잘 할 수 있는 기계의 최신 버전일 뿐입니다. 대량의 데이터를 학습하고 공통적 특징을 찾아내는 일에 있어서 아인슈타인의 할아버지가 온다고 해도 인간은 이미 인공지능의 경쟁상대에서 멀어져 가고 있습니다.

물론 인공지능을 통한 자동화가 만능열쇠는 아닙니다. 인공지능은 인간과는 달리 기계가 분석할 수 있는 형태의 데이터가 주어지지 않으면 바보나 다름없기 때문입니다. 인공지능에게 분석을 맡기려면 숫자의 형태로 기록되거나 변환 가능한 데이터가 필요한데, 아직은 이런 방식으로 기록된 데이터를 구하는 것이 쉽지 않습니다. 아직까지는 의사나 병원마다 기록 체계가 달라서 여러 곳에서 모은 데이터를 표준화하는 일 자체도 커다란 숙제입니다. 의료용 인공지능의 슈퍼스타인 IBM의 왓슨은 암 진단용으로 여러 병원에 도입되었지만, 그 성과에 대해선 여전히 논란이 많습니다. 이렇게 본다면 아직까지는 인공지능을 통한 자동화는 만능열쇠라기보다, 하나씩 단점을 보완하며 완성하는 퍼즐에 가깝다고 볼 수 있습니다.

24시간 내 곁을 지키는 돌보미

누군가를 간호한다는 것은 정말로 쉬운 일이 아닙니다. 중증 환자의 경우 24시간 돌봐야 하기 때문에 더욱 그렇습니다. 중증 환자들은 대부분의 경우 거동이 불가능하거나 의식이 없는 상태이기 때문에 환자를 돌보는 간호사들도 신체적 감정적 소모가 매우 심합니다. 하지만 많은 사람들은 간호사에게 한결같은 친절과 서비스를 기대합니다. 따라서 조금이라도 더 효율적이고 안전한 돌봄 환경을 마련하는 것은 환자와 간호사 모두에게 무척이나 중요한 일입니다.

2019년 『네이처 디지털 메디신』에 실린 연구는 바로 이런 점에서 주목할 만 합니다. 이 연구를 주도한 스탠퍼드대학교의 연구진은 현재까지 중환자실에 있는 환자를 간호할 수 있는 유일한 방법이 사람이 직접 옆에서 지켜보는 것뿐이라는 데서 연구를 착안했습니다. 만일 컴퓨터 비전과 머신러닝 알고리즘을 통해 환자의 중요한 움직임이 나타나는 순간을 자동으로 감지하여 간호사에게 알릴 수 있다면, 간호사가 환자를 혼자 남겨두고 나와도 좀 더 안심하고 다른 일을 할 수 있

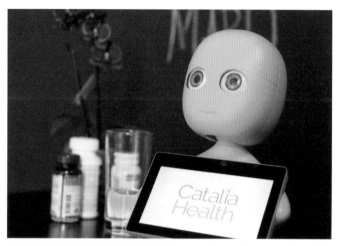

환자의 건강상태를 체크해 주는 로봇 마부 (Time. Catalia Health)

습니다.

　이 연구는 컴퓨터 비전의 또 다른 가능성을 보여주었다는 데서도 의미가 있습니다. 얼굴 인식이나 자율주행의 경우 모두 일반적인 카메라 영상을 사용합니다. 그러나 중환자실에서도 일반 카메라 영상을 사용할 경우 환자의 프라이버시를 침해할 수 있기 때문에 다른 대안을 찾아야 했고, 연구진은 뎁스 센서depth sensor 카메라를 사용해 실루엣만으로 환자의 움직임을 판독했습니다. 아직은 정확도나 실용성을 논하기에는 조금 이른 감이 있지만, 간호의 자동화에 대한 가능성을 보여주었다는 것으로 주목할 만 합니다.

　사실 간호가 병원에서만 이루어지는 것은 아닙니다. 일 년에 한두 번씩 통원치료를 하는 환자들은 집에서 병을 관리하는 시간이 더 많기 때문에 의사와 만나지 않는 기간에도 약을 잘 챙겨 먹거나 규칙적인 운동을 하는 등의 일상적 관리, 즉 간호가 더욱 중요합니다. 하지만 지금까지 간호는 인간을 통해 제공되는 서비스이기 때문에, 여러 면에서 부담스러웠습니다.

카탈리아 헬스Catalia Health는 일상적인 건강관리를 자동화하는 인공지능 로봇, 마부Mabu를 출시했습니다. 2019년 3월의 『타임Time』은 마부와 함께 생활하는 심부전 환자의 사례를 소개했습니다. 도심에서 다소 떨어진 곳에서 혼자 생활하고 있는 이 환자는 간호 로봇 마부와의 생활에 상당한 만족감을 표했습니다. 원래대로라면 불과 5분 남짓의 짧은 시간 동안 의사와 면담하기 위해 왕복 몇 시간에 걸쳐 먼 길을 오가야 했지만, 지금은 마부를 통해 매일 건강상태를 확인할 수 있기 때문입니다.

마부는 실로 다양한 일을 자동화합니다. 마부는 환자의 건강상태를 체크하기 위해 여러 가지 질문을 하는데, 이 질문은 실제로 의사들이 환자의 상태를 체크하기 위해 던졌던 질문을 종합해서 만들어집니다. 이 질문들에는 신체적, 생리적 측면뿐만 아니라 두려움이나 우울같은 심리적 측면도 포함됩니다. 또한 매번 같은 질문을 하는 것이 아니라 환자의 응답에 따라 다른 질문을 하도록 되어 있습니다. 예를 들어 환자가 일상 생활에 문제가 없는 것으로 판단되면 농담을 건네지만,

뭔가 문제가 있는 것처럼 보이면 증상을 좀 더 깊이 파악하고 의사를 만나는 것이 좋겠다는 답을 내놓습니다.

이처럼 마부는 의사와 환자, 의사와 데이터의 사이를 더 긴밀하게 연결하는 역할을 담당합니다. 환자의 건강상태에 대한 정보를 수집해서 의사에게 보내면 의사가 이를 확인하고 적절한 처방을 내릴 수 있습니다. 요즘처럼 1인가구가 늘어나는 사회에서 간호 로봇의 역할은 앞으로 점점 커질 것입니다. 간호 로봇과 인공지능이 도입되면 미국 기준으로 연간 우리 돈 20조 원을 절약하는 효과를 낼 것으로 추산된다고 하니, 국가 경제 측면에서도 상당한 이득입니다.

인공지능, 의료 사각지대의 슈바이처

인공지능을 통한 진단의 자동화가 기여할 수 있는 부분이 또 있습니다. 바로 열악한 의료 환경 때문에 곤란을 겪고 있는 곳에 의사를 보낼 수 있다는 것입니다. 인공지능은 우리 시대의 슈바이처가 될 것입니다. 대표적인 사례 중 하나가 바로 군대입니다.

우리나라의 경우 수십만 장병이 나라를 지키고 있지만 이들을 위해 배치되는 군의관의 수는 매년 8백여 명 수준에 불과합니다. 군의관의 경우 인턴, 레지던트, 전문의 등 개인별 전문성의 편차도 큰 편이어서 군의관의 능력에 따라 장병들이 받을 수 있는 의료의 질에도 큰 차이가 납니다. 만일 이런 열악한 의료 환경에 인공지능 의사가 배치된다면 장병들이 좀 더 건강하게 복무할 수 있을 것입니다.

과학기술정보통신부와 국방부는 실제로 이런 변화를 추진하고 있습니다. 2020년 시범 사업을 시작으로 2023년에는 의사 없이 인공지능이 단독으로 진단하는 환경을 구축하는 것을 목표로 하고 있습니다. 우선은 폐렴, 결핵, 기흉, 골절 등 군대에서 많이 발병되는 질환을 중심으로 시작해서 그 적용 분야를 점차 확대할 계획입니다.

몇 년 전 방영된 〈낭만닥터 김사부〉라는 드라마의 대사가 기억납니다. "선생님은 좋은 의사입니까, 최고의 의사입니까?" 주인공은 답합니다. "필요한 의사." 그리고 말합니다. "난 내가 아는 모든 걸 동원해서 필요한 의사가 되려고 노력 중이야."

만일 여러분이 의료계 종사자라면, 이 드라마 속 의사와 마찬가지로 환자에게 필요한 의료 서비스를 제공하기 위해 모든 수단을 동원하고 싶을 것입니다. 앞으로 인공지능이 그 선택지 중 하나가 될 수 있지 않을까요?

참고문헌

■ Andrew Ng. (2017. 10. 19). Woebot: AI for mental health.

■ Corti. https://corti.ai/

■ Kermany, D. S., Goldbaum, M., Cai, W., Valentim, C. C., Liang, H., Baxter, S. L., ... & Dong, J. (2018). Identifying medical diagnoses and treatable diseases by image-based deep learning. Cell, 172(5), 1122-1131.

■ MIT Tech Review. (2019. 03. 23). A new study shows what it might take to make AI useful in health care.

■ NPR. (2019. 04. 01). Training A Computer To Read Mammograms As Well As A Doctor.

■ NYU Langone Health. (2019. 10. 17). Combination of Artificial Intelligence & Radiologists More Accurately Identified Breast Cancer.

■ Time. (2019. 03. 21). Machines Treating Patients? It's Already Happening.

■ Woebot. https://woebot.io/

■ Yeung, S., Rinaldo, F., Jopling, J., Liu, B., Mehra, R., Downing, N. L., ... & Campbell, B. (2019). A computer vision system for deep learning-based detection of patient mobilization activities in the ICU. NPJ digital medicine, 2(1), 1-5.

■ 서울아산병원. (2018. 12. 05). 영상진단 어려운 미세 기관지, 인공지능으로 잡아낸다.

■ 연합뉴스. (2018. 02. 24). 안질환 진단 정확도 95%..'AI 의사' 가능할까.

■ 전자신문. (2019. 06. 25). 군대 가는 AI 의사...내년엔 의료 보조 수단, 4년 뒤엔 단독 진단.

■ 조선비즈. (2017. 09. 23). 돈 MS 공공부문 디렉터 "의사 명령에 따라 수술하는 로봇 등장할 것".

■ 최윤섭. (2016. 12. 04). 구글, 안과 전문의 수준의 의료 인공지능 발표.

■ 최윤섭. (2017. 02. 02). 피부과 전문의 수준의 인공지능 개발과 그 의미

지능을 어떻게 자동화할 수 있을까

　정말 기계를 통해 지능을 자동화할 수 있을까요? 과학, 예술, 철학 등 인간의 뇌가 하는 놀라운 일들을 생각한다면, 불가능한 일처럼 여겨집니다. 하지만 뇌도 일종의 기계라고 생각하면 상황이 완전히 달라집니다. 만약에 뇌도 일종의 기계장치라면, 그 기계의 작동법을 연구하여 인공 뇌를 구현할 수 있을지도 모르기 때문입니다.

　뇌과학자, 인지과학자, 컴퓨터과학자들은 뇌가 수행하는 일의 핵심은 계산이라는 것을 연구를 통해 알아냈습니다. 인간이 '생각'이라는 것을 할 때 뇌 속의 수많은 신경세포들이 전기신호를 주고 받습니다. 그런데 이때, 어떤 신호를 넘겨주고 어떤 신호를 넘겨주지 않을지는 계산을 통해 결정된다고 합니다. 따라서 신경세포의 망으로 이루어진 인간의 뇌는 일종의 '계산기계'라고 볼 수 있습니다. 진화가 만들어 놓은 자연의 계산기계인 셈입니다.

　그렇다면 인간이 다른 동물에 비해 높은 지능을 갖는 이유는 무엇일까요? 과학자들은 인간이 가진 계산기, 즉 뇌의 하드웨어 성능이 다른 동물들보다 뛰어나기 때문이라고 설명합니다. 컴퓨터 프로세서의 집적도가 높을수록 성능이 좋아지는 것과 마찬가지로 뇌의 단위 면적당 신경세포의 수가 많을수록 계산 성능이 좋아진다고 볼 수 있는데, 인간의 신경세포 수가 다른 동물보다 많다는 것입니다. 그렇다면 이렇게도 생각해 볼 수 있습니다.

"만일 인간의 뇌와 비슷한 인공적 장치를 만든다면, 뇌가 하는 계산을 자동화할 수 있지 않을까?"

지금 우리가 겪고 있는 변화의 핵심이 바로 이것입니다. 인간의 뇌가 수행하던 계산의 일부를 인공 뇌에게 맡겨 인간 지능의 일부를 자동화하고 증강시키려는 것입니다.

생각하는 일을 할 때 수행했던 핵심 업무가 계산이고 그 계산을 나보다 더 잘 할 수 있는 기계를 만들 수 있다면, 나는 쉬면서도 원하는 결과를 얻을 수 있게 됩니다. 정말이지 마음 놓고 게을러질 수 있는 천재적인 아이디어가 아닐 수 없습니다.

교육
개천의 용을 부활시켜라

우리나라는 전후 50년도 채 되지 않는 짧은 기간 동안 눈부신 경제 성장을 이룩했습니다. 세계사에서 '한강의 기적'으로 기억하는 이 시기가 가능했던 데는 여러 이유가 있겠지만, 교육이 그중 하나라는 사실은 분명해 보입니다.

우리나라의 교육열은 단연 세계 최고 수준입니다. OECD의 통계에 따르면 한국의 대학 진학률은 세계 1위인데 그 비율은 무려 70%에 육박합니다. 이런 교육열은 전체 국민에서 고등교육을 받은 사람의 비율 증가로도 확인됩니다. 1997년에 19.8%로 5명 중 1명에 불과하던 고등교육 이수자의 비율은 2018년에 49%까지 높아졌고 2019년에는 50%를 넘겨 국민 둘 중 하나는 고등교육을 받은, 그야말로 배운 사람들의 나라가 되어가고 있습니다.

우리 국민의 배움 수준이 이렇게까지 급속하게 향상될 수 있었던 데는 정책과 제도의 영향이 큰 역할을 한 것으로 보입니다. 고등학교까지 의무교육 정책을 폄으로써 더 많은 사람들에게 교육의 기회가 부여되었습니다. 그런데 앞으로는 여기에 보태 인공지능과 같은 혁신기술이 교육기회의 평등을 실현하는 데 한 몫을 단단히 해 줄 것으로 기대됩니다.

민주화되는 엘리트 교육

우리 사회는 엘리트 교육이라는 제도를 갖고 있습니다. 자사고나 특목고 역시 그 사례라고 할 수 있으며, 예술이나 체육 계열 학생들의 도제식 교육도 좋은 사례입니다. 그렇다면 우리는 왜 엘리트 교육이라는 제도를 갖게 되었을까요? 그것은 바로 '선생님이 가진 자원의 한계'에서 비롯됩니다.

'엘리트' 하면 우수한 학생을 떠올리기 십상이지만, 엘리트 교육을 이해하기 위해서는 학생보다 선생님에 방점을 찍어야 합니다. 이상하게 들릴 수도 있지만, '도대체 왜 우수한 학생을 선발하려고 하는가?'라는 질문을 던져 보면 답은 굉장히 명확해집니다. '선생님'이라는 자원 또는 '선생님이 갖고 있는 자원'이 유한하기 때문에 돌볼 수 있는 학생의 수도 제한되기 마련입니다. 그러다 보니 성과가 잘 나올 것 같은 소수의 학생만 선발해서 가르칩니다. 만일 선생님이 모든 학생의 상황에 맞춰서 개인별로 지도해 줄 수 있는 충분한 자원을 갖고 있고 그것을 실행에 옮기는 것이 가능하다면 엘리트 교육은 아예 시작되지 않았을지도 모릅니다.

이처럼 엘리트 교육은 그 기회를 잡은 학생에게는 더 똑똑해질 수 있는 계기로 작용하는 반면에 기회를 잡지 못한 학생에게는 더 가혹한 경쟁 환경으로 작용합니다. 따라서 이 환경을 어떻게 개선해 주느냐에 따라 학생들의 교육 성취는 달라질 수 있습니다. 그런데 과연 인공지능이 엘리트 교육을 개선하는 데 있어서 해결책을 제시할 수 있을까요?

이 질문에 대한 답은 알파고와 바둑의 사례를 통해 얻을 수 있습니다. 바둑은 엘리트 교육의 전형인 동시에 인공지능으로 인한 변화를 가장 극적으로 보여주는 분야기 때문입니다. 도제식 엘리트 교육이 주를 이루었던 바둑계는 알파고 사건 이후 어느새 '교육의 자동화'를 통해 '교육의 민주화'로 나아가고 있습니다.

앞에서도 말했듯이 엘리트 교육의 핵심 축 중 하나는 '선생님'입니다. 그중에서도 훌륭한 선생님입니다. 그래서 훌륭한 선생님을 만나는 것이 훌륭한 바둑기사가 되는 지름길이었습니다. 그러다 보니 부모들은 한 살이라도 어릴 때 조기교육을 시켰고, 거기서 선발된 소수의 아이들만이 좋은 선생님을 만나서 엘리트로 성장할 수 있었습니다. 바둑이라는 지식이 '선생님', 즉 사람에게 저장되던 시대였습니다.

그러나 알파고 사건 이후 바둑이라는 지식은 '바둑 선생님'뿐만 아니라 '인공지능'에도 저장될 수 있다는 것이 확인되었습니다. 알파고가 이세돌을 이김으로써 우리에게 증명한 것은 알파고가 세계 최고의 바둑 기사이자 세계 최고의 선생님이라는 사실입니다. 훌륭한 스승을 만나지 못해 고전하던 바둑 연습생들이라면 이제 인공지능을 스승으로 모셔볼 만 합니다.

사실 이런 변화는 이미 현실이 되었습니다. 알파고 이후 불과 3년밖에 흐르지 않았지만, 세계 랭킹 1위인 중국의 바둑 기사 커제는 물론이고 우리나라의 탑 랭커들도 인공지능에게 바둑을 배우고 있습니다. 커제 9단은 한 언론과의 인터뷰에서 이렇게 말했습니다.

"요즘은 대부분 프로기사가 인공지능으로 훈련하기 때문에 만약 인공지능으로 공부하지 않으면 바둑을 둘 때 크게 손해 볼 수 있다. 인공지능에 대한 연구가 있어야만 자신의 장점과 바둑에 대한 이해를 깊게 할 수 있다."

우리나라의 바둑기사인 이호승 기사의 사례는 더욱 극적입니다. 바둑에서는 노장이라고 할 수 있는 32살의 이호승 기사는 한국 랭킹 110위였지만 인공지능과의 대국을 통해 바둑공부를 거듭한 끝에 랭킹 1위 박정환, 4위 신민준 등을 격파하며 기적을 연출했습니다. 이호승 기사는 이렇게 말했습니다.

"막상 스물여섯 살에 프로가 되니 암담했다. 살아남으려고 열심히 독학했지만 모르는 것 투성이었다. 누구에게 물어볼 곳도 없었다. 그러다 본격 인공지능 세상이 열리더라. 그때부터 모든 의문을 기계가 풀어주기 시작했다. 초일류들을 만나도 너희가 인공지능보다 더 세겠느냐는 생각으로 싸운다. 이젠 하나도 무섭지 않다."

만일 인공지능이 아니었더라면 이호승 기사는 좋은 선생님을 만나지 못하거나 혼자 끙끙대다가 자신의 실력을 향상시킬 기회를 놓쳐버렸을지도 모릅니다. 그러나 인공지능이라는 선생님을 만난 덕분에 도약의 기회를 가질 수 있었습니다. 인공지능이 누구도 차별하지 않고 교육의 기회를 제공했기 때문입니다. 이호승 기사뿐만이 아닙니다. 이제 인공지능은 바둑을 두려는 사람들 사이에 필수가 되어가고 있습니다. 또한 누구라도 인공지능을 선생님으로 두고 공부할 수 있기 때문에 기사들의 실력이 상향 평준화되고 있습니다.

학자들은 이를 두고 기술을 통한 민주화democratization라고 부릅니다. 누구나 세계 최고의 선생님을 가질 수 있기 때문입니다. 또한 탈중앙화decentralization라고도 이야기합니다. 과거에는 전문 지식이 소수의 전문가에게 집중되어 있었고 그 전문가와 관계를 맺을 수 있는 사람을 중심으로 지식이 전수되었지만, 전문 지식이 인공지능에 저장됨으로써 모두에게 공평하게 분배될 수 있는 환경으로 변화하고 있습니다.

이처럼 기술의 가장 큰 속성 중 하나는 누구에게나 동일하게 적용된다는 것입니다. 이재용 삼성전자 부회장이라고 해서 더 특별한 갤럭시폰을 사용하는 것은 아닙니다. 누구에게나 동일한 기계가 주어지지만, 개인들이 그 기계를 자신들만의 특별한 방식으로 사용함으로써 다른 결과가 만들어집니다. 이렇듯 개인만의 특별한 사용법이 개입할 때 기술은 비로소 예술로 거듭납니다. 똑같은 모양의 바둑판 위에서 똑같은 규칙에 따라 돌을 놓지만 자신만의 기보로 돌을 둘 때 바둑은 비로소 예술이 됩니다. 바둑을 자신만의 예술로 승화시키는 데 있어서 인공지능은 묵묵히 교사로서의 역할을 수행해 줄 것입니다.

앞으로는 바둑뿐만 아니라 수많은 전문 분야의 지식 전수와 습득이 인공지능을 통해서도 이루어질 것입니다. 다시 한번 말하지만 인간 교사의 대체가 아니라 인공지능 교사라는 새로운 선택지의 추가입니다. 학생은 앞으로 사람에게 배울 수도 있고 인공지능에게 배울 수도 있을 것입니다. 이제 좋은 선생님을 만나지 못해서 엘리트가 되지 못했다는 말은 그다지 설득력이 크지 않을 것입니다.

개인별 맞춤 교육, 현실이 될까

오늘날 우리의 교육시스템은 과거와 미래가 뒤엉켜 큰 힘을 발휘하지 못하고 있습니다. 항간에 회자되는 것처럼, 21세기의 학생을, 20세기의 교사가, 19세기의 학교에서 교육한다는 말은 그래서 우리를 아프게 합니다.

"21세기의 학생을, 20세기의 교사가, 19세기의 학교에서 교육한다."

그러나 교육 현장에도 변화는 시작되었습니다. 우리의 이웃나라 일본은 문부과학성을 통해 2019년부터 초등학교 영어 말하기 교사로 인공지능을 채용하겠다고 발표했습니다. 이미 일본의 중학교 몇몇 곳에서는 영어학습 인공지능 뮤지오MUSIO가 보급된 바 있습니다. 5년에 걸쳐 연구를 한 결과, 부끄러움을 많이 타는 일본 학생들의 경우 인공지능으로 공부하는 것이 더 효과적이었다고 합니다.

이는 의료의 사례에서 살펴본 것과도 일맥상통합니다. 사람들이 심리상담을 받을 때 개인적인 비밀을 털어놓아야 하는데, 이때 상대방이 의사일 때보다 인공지능일 때 좀 더 편안하게 비밀을 털어놓을 수 있었습니다. 교육도 마찬가지여서, 궁금하지만 부끄러워서 선생님에게는 질문하지 못했던 것들을 인공지능에게는 마음놓고 물어볼 수 있습니다. 게다

일본에서 판매되는 인공지능 교육 로봇 뮤지오 (SoftBank SELECTION 유튜브 채널)

가 인공지능은 꾸짖거나 혼내는 대신 학습자의 상황에 맞게 백 번이고 천 번이고 반복학습을 제공하기 때문에 학습자의 만족도는 생각보다 클 수 있습니다.

지금 30대 이상이라면 인공지능을 통한 영어교육 변화를 긍정적으로 받아들일 가능성이 높습니다. 한국이나 일본의 경우 읽기 위주로 학교 수업이 구성되기 때문에 10년 이상 영어를 배워도 말하기 능력을 갖추는 것이 쉬운 일이 아닙니다. 또한 학교 선생님의 발음 역시 원어민의 발음과는 차이가 있기 때문에 실생활에 도움이 되는 영어 학습이 되기에는 부족한 점이 많았습니다.

우리나라의 교육부도 이런 단점을 보완하기 위해 인공지능을 통한 교육의 자동화에 시동을 걸었습니다. 이르면 2020

년에 초등학교 3학년이 되는 학생들부터 인공지능으로 영어 회화를 공부할 수 있습니다. 인공지능 선생님이 보급되면 학생들은 1:1로 회화 연습을 할 수 있습니다. 원어민 선생님이 배치된다고 해도 선생님 한 명에 다수의 학생이 함께했기에 실제로 말하는 시간이 충분치 못했다는 점을 감안하면 원어민과 진배없는 인공지능과의 1:1 대화를 통해 말하기 능력을 향상시킬 수 있을 것으로 전망됩니다. 인공지능 선생님이 보급될 경우 영어 사교육에 따른 교육 경험의 편차는 크게 줄어들 수 있을 것으로 보여 기술에 의한 교육의 민주화가 한발 더 나아갈 수 있을 것으로 기대됩니다.

국내의 대표적인 교육기업들은 수학교육에 관한 인공지능을 출시하고 있습니다. 기존의 종이 문제집의 경우 학생이 틀리더라도 어디서 왜 틀렸는지를 파악하는 것이 어려웠습니다. 수학 문제 하나에는 여러 가지 개념들이 복합적으로 얽혀 있기 때문에 각 개념들에 대해 정확하게 이해하는 것이 중요합니다. 인공지능 수학교사는 바로 이런 부분에서 강점을 갖습니다.

인공지능은 마치 개인 과외 교사처럼 오답의 원인을 찾아 알려주고 해당 개념에 익숙해질 수 있도록 관련 문제를 제시해서 스스로 성장할 수 있게 도와주는 역할을 할 것으로 기대됩니다. 또한 공부 이력이 모두 저장되기 때문에 개인의 수준별 맞춤학습도 보다 능동적으로 도울 것으로 기대됩니다. 현재는 인공지능과 교육이 결합되는 초기 단계이기 때문에 영어와 수학 등 일부 과목에서 먼저 시도되고 있지만 앞으로 에듀테크EduTech의 흐름은 점차 전 과목으로 확산되어 나갈 것으로 전망됩니다.

인공지능 조교, 교육행정에 참여하다

교육 시스템은 가르치고 배우는 것만으로 완성되지 않습니다. 그 사이를 연결해 주는 여러 가지 행정적 지원이 필요합니다. 그런데 인공지능은 이미 교육 행정의 자동화에도 투입되고 있습니다.

2016년부터 조지아 공대에서 온라인 수업을 담당하는 조교는 인공지능입니다. IBM의 왓슨을 기반으로 만들어진 '질 왓슨Jill Watson'이라는 이름의 인공지능 조교는 수업 게시판에 올라온 학생들의 질문에 답하고, 쪽지 시험이나 토론 주제를 제시하는 식으로 조교의 역할을 톡톡히 해냈습니다.

이 인공지능은 과거 수업에 올라온 질문과 대답을 통해 게시물을 학습하였으며 이를 토대로 1만여 개에 달하는 학생들의 질문 중 40%에 대답했습니다. 이 수업의 담당 교수가 알려주기 전까지 조교가 인공지능이었다는 것을 알아챈 학생은 없었으며, 심지어 인공지능 조교가 해당 학기에서 가장 인기 있는 조교로 선정되기까지 했습니다. 이 수업에 참여한 학생들이 인공지능 관련 공부를 하는 학생들이라는 것을 감안하면, 무려 3백여 명에 달하는 학생들이 이 조교를 20대의 백인 여성일 것으로 추측했다는 점에서 인공지능이 얼마나 일을 잘 처리했는지를 짐작할 수 있습니다.

영국의 스태포드셔Staffordshire대학교는 2019년에 캠퍼스 전체의 학사 행정을 담당하는 인공지능 챗봇 비콘Beacon을 개발했습니다. 학생들은 비콘과 문자나 음성으로 대화할 수 있는데, 많은 학생들과 대화를 할수록 비콘 스스로 학습하면서 더 나은 챗봇으로 거듭납니다. 이 챗봇 하나가 전교생의 학사일정을 24시간 쉬지 않고 관리해줍니다.

인공지능을 교육에 도입하는 것이 장점만 갖는 것은 아닙니다. 배움이라는 것은 배우고자 하는 동기부여에 기반하는 것이기 때문에 인간 학습자가 기계로부터 적당한 동기부여를 받을 수 있을지 등에 관한 의문이 남는 것도 사실입니다. 또한 인간 선생님과 인공지능의 역할 분담에 대한 문제도 남습니다. 지식 전달자로서 교사와 인공지능의 역할을 어떻게 분담하는 것이 좋을지에 대해 함께 고민을 시작해야 할 것으로 보입니다.

한때 '개천에서 용 났다'는 말이 있었습니다. 하지만 사회 경제적 격차가 심화되면서 더 이상 개천에서 용이 날 수 없다는 자조적인 목소리가 높아지고 있습니다. 이런 상황에서 인공지능은 개천의 용을 부활시킬 촉매가 되어줄지도 모릅니다. 어느 정도의 역할을 해 줄 수 있을지는 좀 더 지켜봐야겠지만, 더 많은 학생들에게 희망의 여의주가 되어줄 것이라는 기대를 걸어볼 만합니다.

참고문헌

■ Business Insider. (2017. 03. 23). A professor built an AI teaching assistant for his courses — and it could shape the future of education.

■ Georgia Tech. (2016. 11. 10). Meet Jill Watson: Georgia Tech's first AI teaching assistant.

■ Staffordshire University. (2019. 01. 21). Introducing Beacon - a digital friend to Staffordshire University students!

■ 인공지능신문. (2017. 11. 14). AKA인텔리전스, 인공지능(AI) 학습 로봇 뮤지오, 일본 초등학교 및 중학교 영어 수업에 전격 도입.

■ 조선일보. (2019. 02. 11). AI 수학 선생님이 개인별 학습 코스 짜주고, 공부 습관도 잡아준다.

■ 조선일보. (2019. 03. 12). 1위 잡은 110위 "인공지능이 오늘의 나를 키웠다".

■ 중앙일보. (2019. 03. 09). '알파고' 등장 3주년…AI 바둑은 이미 흔한 수법이 됐다.

■ 중앙일보. (20190. 07. 04). '우리 영어 선생님은 AI' 내년부터 초교 AI 학습 프로그램 도입.

정말로 공부가 하고싶은가요?

물론 여전히 사회경제적 격차가 존재하고 그것이 공부하는 데 영향을 미친다는 것은 부정할 수 없습니다. 그러나 인공지능이라는 혁신기술로 인해 과거에 비해 상대적으로 조금 더 공평한 교육 환경이 조성된다는 사실에 이의를 제기하기도 어렵습니다. 이제 우리 내면을 향해 질문을 던질 차례입니다. 여러분은 과연 얼마나 공부하고 싶은가요?

선생님이 똑똑하다고 해서 학생이 저절로 똑똑해지는 것은 아닙니다. 얼마나 자발적이고 얼마나 적극적으로 선생님의 지식을 흡수하느냐에 따라 결과는 달라집니다. 이는 인공지능 시대에도 마찬가지입니다. 배우고자 하는 열의와 자발성을 가진 학생은 그 누구보다 멀리까지 나아가겠지만, 아무리 훌륭한 교사가 옆에 있다고 해도 배우고자 하는 마음이 없는 학생은 제자리를 맴돌게 될 것입니다.

분야별 전문지식을 보유한 인공지능이 인자한 선생님이 되어 누구에게나 지식을 공평하게 나누어 줄 수 있게 된 것은 환영할 만한 일입니다. 그러나 이러한 변화가 모든 학생을 동일한 정도로 똑똑하게 키워 줄 것이라는 기대는 착각에 불과합니다. 오히려 앞으로는 자발성을 가진 학생과 그렇지 않은 학생 사이에 점점 더 큰 격차가 벌어질 것입니다.

번역
6천 개 언어의 고속도로를 뚫게 하라

번역은 문화 교류의 징검다리입니다. 인류의 발전은 서로 다른 문화권이 만나고 헤어지는 과정을 반복하면서 달성되는데, 각각의 문화가 만나기 위해서는 각각의 언어가 번역되는 과정이 선행되어야 합니다. 지구상에는 약 6천 종 이상의 언어가 존재한다고 하니 지구 전체의 문화를 이해하고 융합하기 위해서는 최소한 6천 번 이상의 번역이 필요합니다.

요즘에는 교육 수준이 높아져서 모국어 이외에 한두 개 정도의 외국어를 구사하는 사람이 늘고 있지만 여전히 우리 중 대부분은 외국어 구사에 어려움을 겪습니다. 그러다 보니 아무리 훌륭한 지식도 외국어로 기록된 경우에는 무용지물인 경우가 많습니다. EU의 조사에 따르면, 유럽 27개국 국민들 중 모국어를 제외하고 일상 대화가 가능한 수준으로 하나 이상의 외국어를 구사하는 사람은 56%, 3개 이상의 외국어를 구사하는 사람은 10%에 불과합니다. 이런 현실에 비추어보면 6천 개의 언어로 기록된 문화를 온전히 흡수한다는 것이 얼마나 어려운 일인지 실감하게 됩니다. 그런데 놀랍게도 인공지능이 문화 번역에 있어 새로운 가능성을 제시하고 있습니다. 만약 인공지능이 6천 개 언어가 자유롭게 오갈 수 있는 고속도로를 뚫어 준다면, 인간의 문화는 그 어느 때보다 풍요롭게 장식될 것입니다.

목소리 번역의 신기원

2019년 5월 15일, 구글의 인공지능 블로그에 짧은 글이 하나 올라왔습니다. '끝에서 끝 음성 대 음성End-to-End Speech-to-Speech 번역 모델'이라는 제목이 붙은 이 글은 두려움과 가능성을 함께 제시했습니다. 그리고 소름 끼칠 만큼 놀라운 인공지능의 학습 능력도 유감없이 보여주었습니다. 특히, 인간이 모국어를 배우는 것과 비슷한 방식으로 언어를 익히고 번역한다는 점이 놀랍습니다.

인간이 모국어를 배울 때는 문법을 배우는 과정을 거치지 않습니다. 언어를 사용하는 환경에 3~4년 노출되면 저절로 모국어를 배울 수 있습니다. 그러나 성인이 되어 다른 언어를 배우려고 하면 이때부터 고난이 시작됩니다. 문법을 외우고 단어를 외워봐도, 왠지 내가 원래 쓰던 언어처럼 편하다는 생각은 들지 않습니다.

성인이 되어 다른 언어를 배우다 보면 각 언어가 갖고 있는 규칙과 예외 사항을 외우느라 진땀을 뺍니다. 단어를 외우고 문법에 따라 언어를 구사하려고 하다 보니 자연스러운 맛을 내기가 어려웠습니다. 과거에는 기계를 사용한 번역도 이런 방식으로 시도됐습니다. 그러나 구글이 이번에 제시한 인공지능은 놀랍게도 이 모든 과정을 건너뛰어 이쪽 언어와 저쪽 언어를 동시에 학습함으로써 문법의 학습과 같은 중간 과정 없이 양쪽 언어의 관계를 학습하는 천재성을 발휘했습니다. 일명 '끝에서 끝' 학습법입니다. 마치 영어를 쓰는 엄마와 한국어를 쓰는 아빠 사이에서 태어나서 자연스럽게 두 가지 언어를 모국어 수준으로 구사하는 바이링구얼bilingual이 된 것과도 비슷합니다.

인공지능이 음성을 듣고 바로 언어를 인지하는 것은 어려운 일입니다. 그래서 과거의 인공지능은 문자를 학습했습니다. 요즘 우리가 많이 사용하고 있는 구글 번역기도 텍스트 번역에서 시작됐습니다. 그런데 음성인식 기술이 발달하면서 기계에게 음성을 들려주면 기계가 그것을 텍스트로 전환할 수 있게 되었습니다. 일명 음성 대 텍스트Speech-to-Text 변환

기술입니다. 그리고 반대로 텍스트를 음성으로 변환Text-to-Speech하는 데도 성공했습니다. 예를 들어 '나는 배고프다'라는 문장을 보여주면 이것을 소리로 만들 수 있습니다.

이제 이것을 모두 이어붙이면 정말 놀라운 일을 할 수 있습니다. 한국말로 '나는 배고프다'고 말하면 인공지능이 이것을 자동으로 텍스트로 변환한 다음 여기에 맞는 'I am hungry'라는 영어 문장을 텍스트로 생성하고, 다시 이것을 소리로 바꾸어 출력시키는 것입니다. 한국어 음성만 들려주면 '한국어 음성–한글 텍스트–영어 텍스트–영어 음성'으로 변환되는 전 과정이 자동으로 처리될 수 있습니다.

이것만으로도 놀라운데 이번에 발표된 구글의 트랜스레이토트론Translatotron은 여기서 한발 더 나갔습니다. 음성을 텍스트로 변환하는 등 몇 단계로 나눌 수밖에 없었던 번역의 중간 과정을 모두 삭제하고 음성에서 음성Speech to Speech으로 바로 번역하도록 한 것입니다. 게다가 말하는 사람의 목소리나 억양의 특징까지 그대로 살립니다. 내가 '배고프다'고 말하면 내 목소리 그대로 'I am hungry'라는 영어 음성이 출력됩니다. 인공지능이 말하는 사람의 목소리 특징도 학습할 수 있기 때문입니다. 이것을 단순히 '음성 번역'이라고 번역해서는 그 느낌이 온전히 전달되지 않습니다. 이것은 차라리 '목소리 번역'에 가깝습니다. 내 목소리를 이 언어에서 저 언어로 번역해 주는 것입니다. 정말이지 인공지능은 학습의 신입니다.

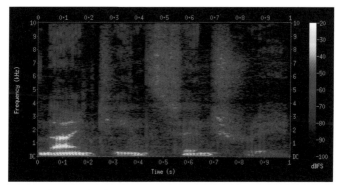

음성을 시각 정보로 변환한 스펙토그램 (Wikipedia)

　재밌는 것은 인공지능이 음성을 학습하기 위해서 사용하는 재료가 음성 자체가 아닌, 음성을 변환한 시각 정보라는 점입니다. 여기서도 다시 한번 컴퓨터 비전이 등장합니다.

　이 그림은 영어로 'nineteenth century'라고 말한 것을 시각 정보로 변환한 스펙토그램spectrogram입니다. 세로축이 주파수고 가로축이 시간을 나타냅니다. 그림에 보이는 색깔은 진폭의 강도를 나타냅니다. 이처럼 소리를 시각 정보로 학습한 인공지능은 소리를 만들어서 출력할 때도 이와 같은 시각 정보를 출력합니다. 이 시각 정보가 보코더vocoder를 거쳐 스피커를 통과하면 비로소 인간에게 유의미한 음성 언어로 들립니다. 이 모든 과정을 보고 있자면 이런 생각이 듭니다.

"트렌스레이토트론은 언어 달인과 성대모사 달인을 합친 것 같은 효과를 낸다."

이 기술은 이제 걸음마를 뗐을 뿐입니다. 앞으로 이 기술이 발전을 거듭하면 직접 외국어를 익히느라 고생하지 않고도 6천 개 언어로 쓰인 문화를 습득할 수 있게 될지도 모릅니다. 우리 모두는 천재적인 인공지능 덕분에 전 세계 70억 인구와 소통하는 데 있어 최소한 '언어적'으로는 별다른 불편을 느끼지 않게 될지도 모릅니다.

이미지도 번역이 된다고?

이번에는 이미지 번역으로 가보겠습니다. 여기서 말하는 '이미지'는 디지털 디스플레이에 표시되는 화면 일반을 지칭합니다. 또한 이미지가 갖고 있는 '의미'보다는 '형식'을 지칭합니다. 이 형식에는 그림, 문자, 사진 등이 혼재되어 있는데 인공지능은 놀랍게도 이 중에서 문자만을 따로 분리하여 인식한 다음 그 문자를 '목표로 하는 다른 문자'로 바꾸어 새로운 이미지를 생성합니다. 그야말로 언어 인식과 번역, 이미지 편집과 생성이라는 복합적이고도 창의적 업무의 연속입니다.

다음 페이지에 보이는 이미지는 저의 전작 『다빈치가 된 알고리즘』의 표지입니다. 이 책은 국내에만 출판되었기 때문

구글 이미지 번역 기능을 활용한 책 표지 번역

에 다른 언어를 사용하는 독자들은 사실상 읽을 수가 없을 것입니다. 그런데 구글의 이미지 번역을 사용하면 대충이나마 (대충이라고 하기에는 상당한 품질의 번역으로) 책을 읽을 수 있습니다. 완벽하다고는 할 수 없지만 대강의 뜻을 알기에는 충분한 수준으로 번역을 수행합니다. 게다가 어떤 것이 글자이고 어떤 것이 글자가 아닌지를 거의 완벽하게 구분하고 자동으로 처리합니다. 감탄사가 절로 나오는 능력이 아닐 수가 없습니다. 또한 이런 능력을 가진 기계를 고안해 낸 과학자들의 역량에도 감탄하지 않을 수 없습니다.

맨 왼쪽에 크게 보이는 이미지가 한국어판의 표지입니다.

오른쪽에 작게 표시된 네 개는 일본어, 러시아어, 영어, 베트남어로 표지를 이미지 번역한 결과입니다. 아직까지는 구글 번역기를 켜고 카메라 버튼을 눌러서 이미지 번역을 하고 있지만 나중에는 구글 글라스 같은 '독서 전용' 이미지 번역기를 착용하고 외서를 실시간으로 읽을 수 있을지도 모릅니다. 만일 우리나라의 전자책 업체 리디북스나 미국의 전자책 업체 아마존북스 같은 곳에서 자신들의 서비스에 자동번역 시스템을 추가한다면 독자들은 자신이 사용하는 디스플레이 기기를 통해서 외서와 국내서 구분없이 원하는 책을 마음껏 볼 수 있게 될 것입니다. 이제 외국어를 몰라서 책을 읽지 못했다는 것은 변명거리도 되지 못할 것입니다.

우리가 가보지 못했던 길

번역은 지식의 습득과 밀접한 관계를 맺고 있다는 점에서 앞선 챕터에서 논의하였던 교육과 묶어서 생각해 볼 필요가 있습니다. 올림픽 구호 같아서 쓰고 싶지 않지만 '자발적 동기'를 갖고 있는 사람들은 자동화 기술의 도움을 받아 더 빨리 더 높은 지적 성취를 이룰 것입니다. 영어나 중국어를 배울 기회가 없는 오지에 사는 어린이라고 할지라도 온갖 번역 기술이 장착된 디바이스가 보급되고 본인 스스로 공부하고자 하는 의지만 갖고 있다면 무엇이든 배울 수 있는 환경이 갖추어져 가고 있습니다. 기술이 발전할수록 자발적 의지를 갖고 있는 사람과 그렇지 않은 사람의 격차는 점점 더 벌어질 것입니다. 자동화 도구가 우리에게 부여하는 힘은 우리의 상상을 초월합니다.

영어 하나 배우는 것도 힘들어 쩔쩔매는 우리가 세상에 존재하는 6천여 개 언어를 다 배우는 것은 무리입니다. 그래서 문화교류를 하는 데 제한이 따랐습니다. 인류의 지혜가 영어나 중국어와 같은 거대 언어뿐만 아니라 소수민족이 사용하는 언어에도 담겨 있을 것이라고 가정하면, 전 지구적 지식의 융합은 인공지능을 통한 번역의 자동화를 통해서 앞당겨질 것입니다. 그 어떤 제왕도 성군도 천재도 가보지 못한 길입니다. 인간은 학습천재인 인공지능의 어깨에 올라서서 그동안 가보지 못했던 길을 걷게 될 것입니다.

참고문헌

■ European Commision. (2012. 06). Europeans and their Languages.

■ Google. (2015. 07. 29). How Google Translate squeezes deep learning onto a phone.

■ Google. (2019. 05. 15). Introducing Translatotron: An End-to-End Speech-to-Speech Translation Model

휴게실 토크

인간과 인공지능 중 누구에게 일을 맡길까

　미래의 소비자들은 인간에게 일을 맡길지 인공지능에게 일을 맡길지를 두고 고민할 것입니다. 예를 들어 펀드에 가입할 때도 인간 펀드매니저에게 부탁할 것인지 로보어드바이저에게 부탁할 것인지를 두고 고민할 것입니다. 집에 걸어둘 그림을 의뢰할 때도 화가에게 의뢰할 것인지 인공지능에게 의뢰할 것인지를 두고 고민할 것입니다.

　그런데 가만히 들여다보면 노동자로서의 나와 소비자로서의 나 사이에 상당한 모순을 발견하게 됩니다. 노동자로서의 나는 나의 일자리가 지켜지기를 원하지만 소비자로서의 나는 인공지능이 주는 혜택을 갖고 싶어하기 때문입니다. 예를 들어 내가 펀드매니저라면 내 일자리를 위협하는 로보어드바이저가 탐탁치 않겠지만 미술 소비자로서의 나는 싼값에 빠르고 아름답게 그림을 그려주는 인공지능이 반가울 것입니다. 여러분은 과연 인간과 인공지능 중 누구에게 일을 맡기시겠습니까?

코딩
자동화를 자동화하게 하라

  너무나 당연한 말이지만 아기가 태어나서 말을 배워야 사회활동을 할 수 있는 것처럼 컴퓨터 프로그래밍을 하기 위해서는 컴퓨터 언어를 배워야 합니다. 자바나 파이썬과 같은 컴퓨터 언어를 배우지 않고서는 코딩을 할 수 없습니다. 최근 들어 연일 뉴스에 오르내리는 인공지능을 구현하기 위해서도 당연히 컴퓨터 언어를 익혀야 합니다. 특히나 인공지능을 구현하기 위해서는 머신러닝이나 딥러닝이라는 분야를 따로 공부해야 하기 때문에 컴퓨터공학을 전공했다고 해서 누구나 할 수 있는 것도 아닙니다. 당연히 전문지식이 부족한 일반인이 자신만의 인공지능을 구현하는 것은 언감생심입니다. 그런데 이런 일이 가능해지고 있습니다.

"내가 배우지 않은 언어를 인공지능이 대신 배워서 자동으로 번역하는 것처럼 내가 배우지 않은 컴퓨터 언어를 인공지능이 대신 배워서 자동으로 코딩하는 길이 열리고 있습니다."

차량 공유와 자율주행차 연구로도 잘 알려진 우버Uber는 루드윅Ludwig이라는 프로젝트를 선보였습니다. 루드윅은 컴퓨터 언어를 모르거나 코딩 능력이 없는 사람들이 자신만의 인공지능을 만들 수 있도록 하는 것을 목표로 하는 프로젝트입니다. 코딩 과정을 최소한으로 줄여서 코딩을 모르는 사람도 인공신경망에 데이터를 학습시키고 결과를 테스트할 수 있도록 도와주는 도구입니다. 우버는 루드윅을 오픈소스로 공개하기까지 내부에서 2년의 실험 기간을 거쳤습니다.

"루드윅은 코딩없이 데이터를 학습하고 테스트할 수 있는 툴박스입니다."

물론 루드윅이 나오기 전에도 텐서플로우TensorFlow나 케라스Keras같이 딥러닝을 위한 훌륭한 툴이 존재하였고 파이썬 같은 언어를 사용하면 초심자도 과거에 비해 수월하게 배울 수 있었습니다. 그러나 여전히 인공지능을 구현하기 위해서는 인공신경망의 구조를 어떻게 하면 좋을지, 알고리즘에 사용되는 함수는 어떤 것을 선택할 것인지, 학습시키는 데이터 세트와 테스트 세트의 비율을 어떻게 하면 좋을지에 대해 스스로 판단할 수 있을 만큼의 지식을 갖고 있어야 합니다. 루드윅은 이런 지식이 부족하더라도 자동으로 이 과정을 처리해 주는 것을 목표로 한다는 점에서 코딩의 자동화로 가는 훌륭한 사례입니다.

루드윅은 프로그래머가 수십에서 수백 줄 코딩을 하고 세부적인 값을 설정해야 가능했던 일을 열 줄 정도의 코딩만으로 가능하도록 디자인되었습니다. 수준 높은 전문가라면 오히려 세부적인 설정을 스스로 하지 못한다는 것이 단점으로 여겨질 수 있지만, 전문지식이 부족한 사람에게 이렇게 간단하게 인공지능을 구현해 볼 수 있다는 것은 엄청난 혜택입니다. 물론 여전히 코딩에 대한 최소한의 전문지식을 갖고 있어야 한다는 점과 학습시킬 데이터를 학습에 적합하게 스스로 다듬을 수 있어야 한다는 제약이 있지만, 코딩에서도 인간의 노력을 최소화하고자 하는 자동화의 흐름이 이어지고 있다는 것은 분명해 보입니다.

이런 추세가 계속되고 자연어 처리와 음성인식 성능이 계속해서 향상된다면, 앞으로는 자판으로 코드를 쳐서 프로그래밍하는 대신 음성으로 일상적인 대화를 하듯 프로그래밍을 하는 것도 가능할 것입니다. 예를 들어, "웨이브 파일을 학습

해서 음악을 생성할 수 있는 인공신경망을 만들어 줘"라고 말
하면 인공지능을 만드는 인공지능이 그 일을 자동화해 주는
것입니다.

"웨이브 파일을 학습해서 음악을 생성할 수 있는 인공신경망
을 만들어 줘."

요즘 초중고 학생들은 숙제를 할 때 아무렇지도 않게 파워
포인트를 사용합니다. 사실 많은 사람들이 다양한 용도로 쓰는
파워포인트 역시 사무의 자동화 도구입니다. 앞으로 10년 또는
20년 뒤에 초중고를 다닐 학생들은 아무렇지도 않게 숙제를
할 때 자신만의 인공지능을 만들어서 사용할지도 모릅니다. 예
를 들어 선생님이 고흐 풍으로 자신의 초상화를 그리는 숙제
를 내줬다면, 학생들은 인공지능에게 이렇게 말할 것입니다.

"인터넷에서 고흐의 그림을 찾아서 학습한 다음에, 인스타그
램 계정에서 내 얼굴을 찾아서 학습하고, 내 사진을 고흐 그림
의 특징을 살려서 그림으로 바꿔 줘."

허황되게 들릴 수도 있지만, 사실 사진을 그림으로 바꾸어
그려주는 인공지능은 이미 훌륭하게 구현되어 있습니다. 그
리고 이 정도 내용의 음성을 인지하는 인공지능도 훌륭하게

구현되어 있습니다. 이 두 가지를 잘 융합할 수 있는 인공지능을 구현하면 이것은 불가능한 일이 아닙니다. 어쩌면 생각보다 쉽게 해결될 수 있는 문제인지도 모릅니다.

드래그 앤 드롭Drag-and-drop이라는 우리에게 좀 더 친숙한 방식으로 코딩의 자동화를 시도하는 기업도 있습니다. 바로 마이크로소프트입니다. 마이크로소프트는 애저Azure라는 프로젝트를 선보였는데, 필요한 기능을 마우스로 끌어오기만 하면 그에 대한 코드가 자동으로 생성됩니다. 물론 코딩없이 이 방식으로만 문제를 말끔하게 해결하기에는 부족할 수도 있습니다. 하지만 머신러닝에 대해서 개념은 이해하고 있지만 코딩 능력은 없는 사람에게는 훌륭한 대안이 될 수 있습니다.

아마존은 오토 글루온AutoGluon이라는 딥러닝 오픈소스 라이브러리를 선보였습니다. 이미지, 텍스트, 테이블 등의 다양한 데이터를 학습시킬 수 있는 것은 물론이고 하이퍼 파라미터 튜닝, 데이터 전처리, 최적의 인공신경망 선정 작업 등을 자동화할 수 있어서, 최소 3줄의 코딩만으로 인공신경망 모델을 구현할 수 있다고 합니다. 사실 딥러닝 전문가라고 해도 모든 경우의 수를 다 비교하면서 구현하기는 어렵기 때문에 개발자의 경험에 의지해서 개발하는 측면이 있었습니다. 그러나 오토 글루온을 이용하면 기계가 모든 경우의 수를 다 실행해 보고 최적의 인공신경망 모델을 구현해 주기 때문에 좀 더 실증적이고 최적화된 개발을 할 수 있다고 합니다. 이 툴을

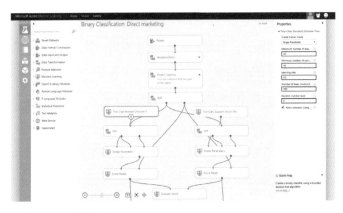
마이크로소프트 애저의 모습

개발한 아마존의 응용 과학자AWS applied scientist 요나스 뮐러
Joans Mueller는 이렇게 얘기합니다.

"진정 그 누구라도democratize 기계학습을 구현할 수 있도록,
또한 모든 개발자가 딥러닝의 파워를 함께 누릴 수 있도록 오
토 글루온을 개발했다."

자동화의 끝에는 무엇이 남을까

오늘날 워드나 파워포인트 없는 삶을 생각해 보시길 바랍
니다. 음악 소프트웨어 없는 작곡가, 영상 편집기 없는 영화감
독, 통계 프로그램 없는 마케팅 전문가의 삶을 상상해 보시길

바랍니다. 무엇보다도, 스마트폰 없는 우리의 삶을 떠올려 보시길 바랍니다. 이미 우리 삶의 많은 부분이 코딩에 의해 자동화되었습니다. 그런데 이제는 코딩마저 자동화하고자 합니다.

사실 인간의 역사는 자동화의 역사라고 할 수 있습니다. 인간이 하는 모든 일은 가능하기만 하다면 남김 없이 자동화 목록에 올려지고 있습니다. 덫을 놓고 가축을 길러 사냥을 자동화했고 씨를 뿌리고 논밭을 일구어 채집을 자동화했습니다. 온간 험하고 힘든 일은 노예를 통해서 자동화했는데, 어느 순간 노예제도가 비윤리적으로 받아들여지면서부터 노예를 대신할 수 있는 노동자와 기계를 통해 일을 자동화했습니다.

이상하다고 생각할 수도 있지만, 인간이 만든 최초의 소프트웨어인 언어 역시 자동화 도구입니다. 언어가 인류의 삶을 자동화하지 못했다면, 다시 말해 자동화를 통해 삶의 효율성을 높이지 못했다면, 구태여 인간이 언어를 배우고 익히느라 많은 비용을 치러야 할 이유가 없습니다. 언어가 '명령문'이나 '지시문'으로 사용되는 때를 떠올려보시길 바랍니다. 군대에서 '앞으로 가'라는 명령이 떨어지면 병사들은 '자동으로' 앞으로 나아갑니다. 그뿐만이 아닙니다. 도로 표지판에 '서울'이라는 글자를 써 놓는 것만으로 사람들이 '자동으로' 방향을 잡아 이동합니다. 악보 위에 '점점 작게'라고 써 놓으면 연주자는 '자동으로' 점점 작게 연주합니다. 이처럼 언어는 정보 전달과 저장을 자동화하는 도구이며, 이 자동화를 통해 인류의 역사가 쓰이고 있습니다.

이런 관점에서 볼 때, 자바나 파이썬 같은 컴퓨터 언어 역시 자동화 도구입니다. 다른 점이 있다면 일을 처리하는 주체가 인간이 아니라 기계라는 점입니다. 인간이 컴퓨터 언어를 만들게 된 것은 인간의 일을 기계를 통해 자동화하기 위함이었습니다. 이때, 인간의 언어를 컴퓨터가 알아들을 수 있도록 다시 쓰는 일을 하는 사람이 바로 프로그래머입니다. 프로그래머들은 인간의 '학습 과정' 자체를 자동화하는 기계를 만들고 인공지능이라는 이름을 붙였습니다. 그런데 이제는 여기서 한발 더 나아가 인공지능을 코딩하는 일마저 자동화하고자 합니다. 그야말로 자동화의 자동화입니다.

똑똑하지만 게으른 인류의 자동화에 대한 욕망은 식을 줄을 모릅니다. 자동화되는 일의 목록이 끝도 없이 늘어나는 시대에서 인간은 과연 무슨 일을 하게 될지 궁금해집니다.

참고문헌

■ Amazon Science. (2020. 01. 09). Amazon's AutoGluon help developers deploy deep learning models with just a few lines of code.

■ Ludwig. https://uber.github.io/ludwig/index.html

■ Microsoft Azure. https://azure.microsoft.com/en-us/services/machine-learning/

■ Uber. (2019. 06. 14). No Coding Required: Training Models with Ludwig, Uber's Open Source Deep Learning Toolbox.

보안
디지털 셰퍼드를 키워라

가진 것이 없으면 지킬 것도 없습니다. 부자일수록 지킬 것이 많아집니다. 인류의 역사가 계속될수록 생산물의 목록은 점점 길어지고, 목록이 길어지는 만큼 인류는 부자가 되었습니다. 부자가 된 만큼 지켜야 할 것의 목록도 덩달아 길어집니다. 이처럼 생산과 보안은 꼬리에 꼬리를 물고 이어집니다.

지켜야 할 것은 크게 두 가지로 분류됩니다. 하나는 유형자산이고 다른 하나는 무형자산입니다. 대표적인 유형자산이 토지, 건물, 차량 등이라면 대표적인 무형자산은 경영권, 특허권, 저작권 등입니다. 특히 '데이터'는 가장 최근에 만들어진 무형자산인데, 디지털 시대로 접어들면서 국가, 기업, 개인의 기밀과 재산을 담은 데이터가 엄청난 양으로 생성되고 있어서 지켜야 할 것의 목록은 걷잡을 수 없이 방대해지고 있습니다.

사회적 차원에서 보면 '사회의 안녕과 질서' 역시 지켜야 할 것의 목록에 추가됩니다. 우리 사회가 법이나 제도, 군대나 경찰과 같은 국가적 차원의 공권력을 투입해서라도 질서를 유지하려는 것은 그것이 그만큼 중요하기 때문입니다. 민생치안은 사회의 안녕과 질서를 지키기 위해 빼놓을 수 없는 항목이며 범죄 수사는 그것을 실천하는 방법의 하나입니다.

범죄 수사는 추리력을 요구합니다. 일단 범죄가 발생하고 난 다음 관련된 단서를 토대로 사건을 재구성해야 하기 때문입니다. 조각조각 흩어져 있는 단서들을 하나의 그림으로 끼워 맞추는 것은 생각만큼 쉬운 일이 아닙니다. 그래서 이 어려운 일을 척척 해내는 추리소설 속 셜록 홈즈가 오랜 기간 독자들에게 사랑받았습니다. 셜록 홈즈는 오늘날 딥러닝 알고리즘으로 다시 태어나고 있습니다.

질서와 재산을 지키는 인공지능

2018년 중국에서 인공지능으로 범인을 검거했다는 소식이 들려왔습니다. 딥러닝을 활용한 안면인식 기술이 제대로 효과를 발휘한 것입니다. 그것도 한 명이 아니라 순회 공연이 있었던 일곱 곳에서 연달아 범인을 검거했습니다. 공연장에는 수만 명의 관객이 운집하기 때문에 인간의 눈으로 범인을 감별하는 것은 쉬운 일이 아닙니다. 그러나 컴퓨터 비전과 딥러닝 알고리즘은 범죄자의 얼굴을 미리 학습해 두었다가 범죄자가 카메라에 포착되는 짧은 순간을 놓치지 않고 귀신같이 식별해서 경찰에게 알람을 보냈고, 덕분에 범인을 검거할 수 있었습니다.

우리나라의 경우 개인정보 보호 등의 이유로 이런 시스템의 적용이 어려운 반면, 중국의 경우 공안의 적극적인 도입 의지에 따라 2015년부터 적용되기 시작했습니다. 중국 정부는 13억 중국인의 얼굴을 3초 안에 90% 이상의 정확도로 판별하는 인공지능 시스템 톈왕Sky-Net을 구축하고 있습니다.

중국에서는 2019년에 인공지능이 10년 전 납치된 아이를 찾아내는 일도 있었습니다. IT기업 텐센트가 딥러닝 기술을 이용해 연령별 안면인식 기술을 개발한 덕분입니다. 사람의 얼굴은 노화가 진행되기 마련인데 이때 얼굴 윤곽의 변형이 발생합니다. 인공지능은 사람의 얼굴이 노화로 변해가는 패턴을 학습했고 실종 당시의 사진을 토대로 현재의 얼굴을 추론할 수 있게 되었습니다. 그야말로 셜록 홈즈가 울고 갈 지경입니다.

중국은 매년 수백만 명의 실종자가 발생하기 때문에 이를 인력으로 해결하는 것은 거의 불가능합니다. 그러나 인공지능은 95% 이상의 정확도로 불과 몇 초 이내에 수천만 명의 얼굴을 대조할 수 있기 때문에 실종자 수색에 큰 역할을 할 수 있습니다. 텐센트가 개발한 인공지능은 이미 수사에 투입되어 경찰과 공조하고 있으며 푸젠성 공안과의 협력으로 1천 명 이상의 실종자를 찾았습니다.

이처럼 인공지능은 인간이 미처 보지 못한 패턴을 분석해서 범인 검거 또는 실종자 수색에 큰 역할을 할 수 있다는 점에서 긍정적입니다. 그러나 무분별하게 안면인식 기술을 사용할 경우 개인의 사생활이 침해될 수밖에 없는 부작용도 있다는 점에서 신중한 적용이 필요해 보입니다. 자칫하면 소설 『1984』속 빅브라더가 현실화될지도 모르니 말입니다.

국내 수사 현장에 인공지능이 적용된 사례도 있습니다. 범죄 관련 문서를 분석해서 미제 사건을 해결한 것입니다. 훔친 신용카드로 현금을 인출한 범인이 상습범이라고 판단한 경찰은 이와 비슷한 미제사건이 있는지를 인공지능에게 물었습니다. 인공지능은 150만 건의 수사기록을 단 2분 만에 분석해서 유사 사건 50개를 제시했습니다. 수사관의 확인 결과 이 중 13건이 용의자가 저지른 여죄로 밝혀졌습니다. 수사를 담당한 경찰은 생각지도 못했던 여죄를 밝힐 수 있어 다음에도 인공지능을 사용할 생각이라고 답했습니다.

컴퓨터 비전과 딥러닝을 통해 쓰레기 무단 투기를 적발할 수 있는 인공지능도 소개되었습니다. 2018년에 전자통신연구원에서 '딥뷰DeepView'라고 이름 붙인 이 인공지능은 쓰레기를

쓰레기 무단투기를 감지하는 인공지능 딥뷰 (전자통신연구원)

버리는 사람의 행동 패턴을 학습해서 미리 알아두었다가 이와 비슷한 움직임이 포착될 경우 이를 예측하여 경고를 보냅니다. 물론 아직은 상용화된 기술이 아니라 원천기술을 확보하는 단계이지만, 앞에 소개한 안면인식 기술과 접목할 경우 쓰레기 무단 투기자의 얼굴을 인식할 수 있어 과태료를 부과하는 것도 가능해집니다. 이런 시스템이 아직은 시험단계라고 할지라도 인간의 행동 패턴에 따라 결과를 예측할 수 있다는 점에서 적용 범위는 무궁무진합니다. 도로에 설치할 경우 음주운전 차량의 이상 움직임을 판별할 수 있고, 한강 다리에 설치하면 자살하려는 사람의 움직임을 포착할 수 있습니다.

우리에게는 온라인 쇼핑몰로 더 친숙한 아마존 역시 인공지능 보안 시스템을 개발하는 데 적극적입니다. 아마존은 '레코그니션Recognition'이라는 딥러닝 시스템을 개발했는데, 미국 플로리다 올랜도 시의 CCTV에 도입되어 도로, 차량, 보행자, 반려동물 등의 움직임을 실시간으로 감시하고 분석합니다. 레코그니션은 중국 공연장에서의 사례와 마찬가지로 사람이 그냥 지나칠 수 있는 장면도 잡아낼 수 있기 때문에 신원 분석이나 이상행동 감지에 뛰어납니다. 게다가 2019년의 레코그니션은 7가지의 감정을 탐지하는 기능까지 추가되었다고 합니다. 그러나 사생활 침해를 우려한 시민들의 항의와 아직 부족한 시스템 환경 등으로 인해 올랜도 시는 2019년 레코그니션 시스템을 중단했습니다.

세계적 유통 기업 월마트는 2019년 6월 현재 1천 개가 넘는 매장에 컴퓨터 비전과 딥러닝 기술이 적용된 '누락된 물건 탐지시스템Missed Scan Detection'을 도입했습니다. 소비자가 직접 계산할 수 있는 키오스크KIOSK 시스템이나 직원이 계산을 담당하는 경우 모두에 적용되는 이 시스템은 혹시라도 물건 값을 치르지 않는 '도둑' 고객이 있는지를 감시하고 적발합니다. 값을 치르지 않은 물품이 있다고 판단될 때에는 시스템이 알람을 울려 현장을 확인할 수 있도록 한 것입니다.

미국의 소매업 통계에 따르면 2017년 한 해에만 47조 원에 이르는 물품을 도둑맞았습니다. 전체 매출의 1.3%에 해당한다고 하니, 소비자들의 구매 금액이 모두 같다고 가정할 경

월마트 계산대의 모습

우 1백 명 중 한 명은 도둑질을 한 셈입니다. 한 해에만 무려 4조 원어치를 도둑맞은 월마트는 이런 손실을 방지하기 위해 3년간 5천억 원을 쏟아부었습니다. 그야말로 도둑맞아서 손해, 도둑 잡느라고 손해인 이중고를 겪는 셈입니다. 월마트는 이런 현실을 타파하고자 최근에 인공지능 시스템을 도입했고, 시스템이 설치된 매장의 피해가 감소하였습니다.

사이버 보안관 인공지능

앞으로의 시대에서는 유형자산을 지키는 것만큼이나 무형자산을 지키는 것이 중요해질 것입니다. 최근에는 인터넷의 발전과 디지털 기기의 보급으로 인해 개인들도 엄청난 양의 데이터를 생산하고 있습니다. 카카오톡이나 네이버 계정이 해킹당했다고 생각해 보시길 바랍니다. 금융 정보와 사생활 정보를 포함한 거의 모든 개인정보가 해킹당한 것이나 마찬가지입니다. 이렇듯 사이버 해킹은 오프라인에서 물리적인 폭력에 노출되는 것 이상으로 개인과 기업과 정부에 환산하기 어려울 만큼의 손해를 끼칠 수 있습니다. 그만큼 사이버 보안cybersecurity은 현대사회에서 없어서는 안 될 필수적인 사회안전망입니다. 이 사회안전망을 운영하고 유지하는 데 인공지능이 사이버 보안관으로서의 역할을 해 줄 수 있을 것으로 전망됩니다.

개인정보 보안을 위한 노력은 계속되고 있습니다. 이 중에서도 로그인은 일상에서 가장 쉽게 접하는 보안시스템입니다. 최근에는 소유자의 생체 정보에 대한 패턴을 학습해서 그와 일치되는 패턴이 입력될 때만 화면을 활성화시키는 얼굴인식이나 지문인식 기법이 널리 사용되고 있습니다.

과거에는 문자로 구성된 비밀번호를 사용하다가 최근 들어 생체정보를 사용하는 이유는 문자방식보다 편리하고 해킹의 위험이 낮다고 여기기 때문입니다. 그러나 생체정보 역시 복제 위험에서 완전히 자유로운 것은 아니어서 여전히 해킹의 위험에 노출되어 있습니다.

IBM은 아직 아이디어 단계이긴 하지만 사용자의 '행동패턴'을 인지할 수 있는 보안 시스템을 연구 중입니다. 사용자

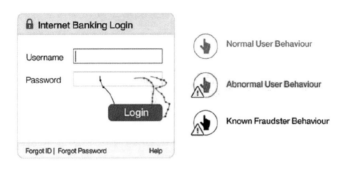

사용자의 행동패턴을 인지하는 보안시스템의 예

마다 마우스를 움직이는 패턴이나 클릭할 때의 압력, 빈도, 위치 등이 다르기 때문에 컴퓨터가 이를 학습할 수 있다면 비정상적인 패턴이 감지되었을 때 컴퓨터 사용을 금지시킬 수 있습니다.

　이런 방식의 사용자 인증은 여러 방식으로 응용될 수 있습니다. 사람은 개인별로 독특한 걸음걸이를 가지고 있기 때문에 건물을 출입할 때 지문인식 대신 걸음걸이를 인식할 수도 있습니다. 마우스 사용 방식이나 걸음걸이는 한 사람의 일생에 걸쳐 서서히 누적된 행동습관으로 쉽게 바뀌지 않고 다른 사람이 흉내내기도 어렵기 때문에 복제하기가 더욱 까다롭습니다. 게다가 마우스를 누르는 압력이나 빈도는 인간이 감지하기 어려운 영역이기 때문에 인공지능이 아니면 수행할 수 없는 보안능력입니다.

IBM에서 발행한 「보안과 인공지능Security and Artificial Intelligence」이라는 문서에 따르면 보안 관련 업무에 종사하는 전문가라고 해서 관련 문제에 모두 대응할 수 있는 것은 아닙니다. 대기업의 보안 업무 담당자의 42%가 보안 경보가 울릴 때 나타나는 숫자들에 대해 정확한 의미를 알지 못한다고 답했고, 31%는 보안 경보가 울리더라도 무시하고 넘어갈 때도 있다고 답했습니다.

또한 연구논문, 산업연구, 포렌식 자료, 위키피디아, 블로그, 트위터 등을 통해 보안 관련 지식들이 다양한 방식으로 생성되고 있으나 이 중 8%만이 현재의 보안시스템에 활용된다고 알려져 있습니다. 사람이 활용하기에는 이미 너무 많은 자료가 생성되고 있는 것입니다. 반면에 보안 인력은 크게 부족해서 대기업의 83%가 적절한 인재를 채용하는 데 어려움을 겪고 있다고 답했습니다.

딜로이트 리뷰Deloitte Review에 따르면 사이버 보안 관련 일자리의 실업률은 0%이고 2019년 전 세계적으로 약 150만 개의 추가 인력이 필요할 것으로 전망되고 있습니다. 현재의 인재 육성 시스템만으로는 쉽사리 인력을 공급할 수 없는 상황입니다.

여기서 주목해야 할 것은 현업에서 근무하는 보안 전문가들의 80%가 인공지능 등의 적절한 시스템이 갖추어지기만 한다면, 인간 전문가 없이도 사이버 공격을 예방하거나 피해를 최소화할 수 있을 것이라고 답했다는 점입니다. 이런 대목에서는 인간과 기계의 역할에 대한 고민이 깊어지지 않을 수 없습니다. 셜록 홈즈가 된 인공지능과 함께 우리는 어떤 미래를 만들 수 있을까요. 지금이 바로 여러분의 상상력과 창의력이 절실하게 요구되는 시점입니다.

인간의 판독력을 뛰어넘는 인공지능의 위조력

인공지능이 질서를 지키는 일, 즉 보안에서 일정한 역할을 수행할 수 있다면 반대로 그 질서를 무너뜨리는 일, 즉 해킹에도 활용될 수 있습니다. 해킹은 컴퓨터 바이러스나 디도스DDos와 같이 디지털 세상에서나 일어나는 일이라고 생각하기 쉽습니다만 사실 해킹은 우리의 삶 구석구석에서 아주 다양한 모습으로 존재합니다. 해킹을 '어떤 시스템이 갖고 있는 질서를 무력화시키는 위해한 정보 활동'이라고 정의한다면, 아마도 해킹의 원형은 거짓말일 것입니다. 위조지폐나 루머, 가짜뉴스는 해킹, 즉 거짓말의 가장 흔한 형태입니다.

기존 시스템을 망가뜨리는 것은 쉬운 일이 아닙니다. 그래서 해커는 창의적이어야 하며, 거짓말은 인간이 얼마나 창의적인가를 보여주는 사례 중 하나입니다. 어떤 학자는 거짓말을 두고 창의성의 어두운 일면이라고 했습니다.

그런가 하면 예술을 '가상'이라고 하는데, 이때의 '가상'은 일종의 '거짓말'입니다. 현실이 아닌 꾸며낸 정보라는 뜻입니다. 현실은 아니지만 감상자로 하여금 현실보다 더 현실처럼 느낄 수 있도록 가짜 세계를 만들어 내는 것입니다. 그런 의미에서 소설, 미술, 음악, 영화와 같은 온갖 예술 장르는 거짓말을 안심하고 실험해 볼 수 있는 플랫폼입니다. 따라서 예술가를 일종의 해커라고 볼 수도 있습니다.

반면에 감상자는 예술가의 해킹 시도를 알아차릴 수 있어야 합니다. 감상자가 가짜 정보와 진짜 정보를 구분할 수 있는 능력을 갖고 있지 못하거나 현실에 대한 시뮬레이션 이상으로 가상의 정보를 수용할 경우 우리들의 현실은 '가짜뉴스'에 의해 해킹되고 맙니다.

인간은 이제 시험대 앞에 섰습니다. 과연 인공지능이 만들어 내는 정보가 가짜인지 진짜인지를 구분해 낼 수 있는지에 관한 시험입니다. 인공지능은 앞으로 그림을 그리고 음악을 만들고 글을 쓰게 될 것입니다. 그것이 예술로서 기능한다면 오히려 괜찮습니다. 예술은 어차피 가상을 전제로 한 영역이기 때문입니다.

그러나 위조 사진이나 위조 영상, 위조 음성, 위조 뉴스를 만든다면, 그것은 사회문제가 됩니다. 이 문제의 해결은 인간이 얼마나 가짜와 진짜를 구분해 내는 능력을 갖고 있는가에 달려 있습니다. 그러나 안타깝게도 인간의 구별하는 능력보다 인공지능의 속이는 능력이 앞설 것으로 보입니다. 결국 해

킹을 하는 것도 해킹을 잡아내는 것도 인공지능이 맡을 가능
성이 높습니다.

2025년 12월 31일, 북한의 지도자 김정은이 핵을 완전히
폐기하겠다고 발표하는 영상이 유튜브를 통해 공개되었다고
생각해 봅시다. 우리의 육안으로 이 영상이 진짜인지 가짜인
지 알 수 있을까요? 이제 이런 영상을 만드는 것은 김정은의
얼굴 사진 한 장만으로도 가능해졌습니다. 삼성전자의 모스
크바 인공지능연구센터는 2019년 5월 한 장의 얼굴 사진만
있으면 '말하는 얼굴 동영상'을 자동으로 생성해 주는 인공지
능을 선보였는데, 바로 딥페이크^{DeepFake}라고 불리는 딥러닝
알고리즘입니다. 말 그대로 제대로 속인다는 뜻입니다.

반드시 사람의 사진이어야 할 필요도 없습니다. 그림이어
도 상관없고 캐릭터여도 상관없습니다. 그것이 얼굴의 형태
만 갖추고 있다면 인공지능이 알아서 움직이는 얼굴 동영상
을 생성해줍니다. 결과가 너무 감쪽같아서 진짜인지 가짜인
지 여부를 판별하는 일은 점점 어려워지고 있습니다.

만일 이 기술을 영화나 애니메이션에 적용한다면 예술가
들의 업무량을 줄이고 상상력을 증대시키는 효과가 있겠지만
가짜뉴스를 만드는 데 사용한다면 어떻게 될까요? 문재인 대
통령이나 트럼프 대통령 같은 지도자들이 나와서 엉뚱한 발
표를 하고 사람들이 그것을 믿는다고 생각해 봅시다. 가짜뉴
스 한 편이 사회적인 재앙을 초래하고, 우리의 현실은 무자비

Source | **Generated images**

인공지능이 원본 이미지(좌측 1열)를 토대로 만든 이미지들(우측 2~4열)
(Zakharov et al., 2019)

하게 해킹되어 버리고 말 것입니다.

카카오톡에서 친구 행세를 하며 송금을 요청하는 것이 낡디낡은 수법이 될 날도 머지 않았습니다. 머지않은 미래에 인공지능을 이용해 화면 가득 움직이는 친구 얼굴이 영상통화를 걸어와 돈을 요구하는 일이 벌어질 가능성은 얼마든지 있습니다. 이에 미국은 딥페이크 기술이 부정하게 사용되는 것을 방지하고자 관련 법과 제도를 준비 중에 있습니다.

지난 시대에는 위조지폐를 만드는 것이 대단한 기술이었습니다. 지폐 발행 주체는 쉽게 위조할 수 없는 기술을 개발하고, 지폐를 위조하는 쪽은 조금이라도 더 진본과 다름없는 복사본을 만들 수 있는 기술을 개발했습니다. 딥페이크라는 알고리즘에는 이 두 가지 개념을 담당하는 인공신경망이 모두 들어있습니다. 하나의 인공신경망이 진본의 움직임을 학습한 다음 아주 단순한 얼굴 윤곽선의 움직임으로 추상화하고, 이것을 랜드마크로 저장합니다. 이것이 바로 원본 얼굴의 역할을 합니다. 다른 인공신경망에서는 위조에 사용될 재료 얼굴을 입력 받은 다음 그 얼굴의 움직임을 진짜처럼 보일 때까지 위조를 계속합니다. GAN^{Generative Adversarial Network}이라는 이름이 붙은 이 알고리즘은 진본과 가본이 서로가 서로를 감별하고 속이는 경쟁을 벌인다고 하여 이름에 '적대적^{adversarial}'이라는 단어가 포함되었습니다.

속고 속이는 것은 인공지능이 아니라 인간이다

인공지능이 해킹이라는 업무를 수행할 수는 있지만 그 업무를 지시하는 것은 인간입니다. 인공지능이 출력하는 결과물은 진본이 아니지만, 그것을 진본이라고 주장하는 무리가 있고, 그것에 속아 넘어가는 무리가 있는 한 우리의 현실은 해킹의 위협에서 한시도 자유로울 수 없습니다.

해킹의 정교함은 인공지능과 같은 기술의 발달로 인해 그 어느 때보다 향상되고 있습니다. 이에 비해 인간의 생물학적

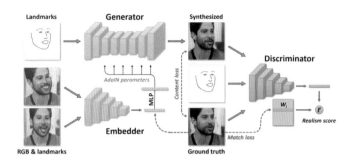

딥페이크 제작에 사용되는 학습 모델 (Zakharov et al., 2019)

감각 기관의 판독력은 지난 20만 년 동안 크게 향상되지 않았습니다. 이 둘의 발전 속도로 볼 때 인간이 인공지능의 결과물에 속아 넘어갈 가능성은 앞으로 계속 높아질 것입니다. 그래서 인간이 속아 넘어가지 않도록 도와줄 인공지능의 역할이 점점 더 중요해질 것입니다. 이런 분위기를 반영하듯 2019년 딥러닝국제콘퍼런스에서 MIT의 일이아스 교수팀은 기존의 시스템보다 딥러닝 알고리즘이 해킹을 더 잘 막아냈다고 발표했습니다. 이제 인공지능을 해킹을 위한 칼로 쓸 것인지 방패로 쓸 것인지는 당신의 선택에 달렸습니다.

결국 인공지능은 도구일 뿐, 해킹을 지시하는 것은 인간이라는 점을 기억해야 합니다. 해킹은 속이려는 인간과 속지 않으려는 인간의 적대적 경쟁입니다. GAN이라는 알고리즘에는 속이려는 쪽생성자, generator이 속지 않으려는 쪽판별자, discriminator을 결국에는 속일 수 있다는 전제가 깔려있습니다. 마음이 꽤나 심란해지는 전제가 아닐 수 없습니다. 과연 우리의 현실에서는 다른 결과가 도출될 수 있을까요?

참고문헌

■ Amazon Rekognition. https://aws.amazon.com/ko/rekognition/

■ Business Insider. (2019. 06. 21). Walmart reveals it's tracking checkout theft with AI-powered cameras in 1,000 stores.

■ Cnet. (2019. 05. 24). Samsung deepfake AI could fabricate a video of you from a single profile pic: Even the Mona Lisa can be faked.

■ Deloitte Review. AI로 증강된 사이버보안.

■ Goodfellow, I., Pouget-Abadie, J., Mirza, M., Xu, B., Warde-Farley, D., Ozair, S., ... & Bengio, Y. (2014). Generative adversarial nets. In Advances in neural information processing systems (pp. 2672-2680).

■ IBM Security. Security and Artificial Intelligence: FAQ.

■ IBM. QRadar User Behavior Analytics.

■ MBC. (2018. 01. 18). 도둑 잡은 AI 150만 개 사건 2분 만에 분석 "여죄 캐낸다".

■ Zakharov, E., Shysheya, A., Burkov, E., & Lempitsky, V. (2019). Few-Shot Adversarial Learning of Realistic Neural Talking Head Models. arXiv preprint arXiv:1905.08233.

■ 과학기술정보통신부 웹진. (2018. 07). 인공지능과 사이버 보안.

■ 김종현. (2017). 인공지능 기반 금융권 보안관제 동향 및 향후 과제. 전자금융과 금융보안 (제8호, 2017-04).

■ 전자신문. (2019. 05. 15). 인공지능이 10년전 납치된 아이 찾아냈다.

■ 정보통신정책연구원. (2018. 12) 인공지능과 프라이버시의 역설: AI 음성비서를 중심으로.

■ 조선비즈. (2018. 05. 27). 아마존의 '레코그니션', "최대 100명 동시 추적".

■ 주간조선. (2019. 01. 07). 한국전자통신연구원 박종열 박사: 시각 AI '딥뷰'의 아버지 쓰레기 무단 투기 꼼짝마!.

■ 중앙일보. (2018. 01. 17). 과학수사에 인공지능 도입…'여죄' 추적 효과.

■ 중앙일보. (2018. 04. 21). 13억 얼굴 3초 내 인식…'빅브라더' 중국의 무서운 AI 기술.

■ 한국전자통신연구원 웹진. (2018. 12. 07). ETRI, 쓰레기 투기 단속에 AI 적용한다.

쇼핑
그냥 들고 나오게 하라

쇼핑이 무엇일까요? 쇼핑은 사냥과 채집의 최신 버전입니다. 쇼핑이라는 놀랍도록 창의적인 개념을 고안해 낸 덕분에 인류의 사냥과 채집은 차라리 놀이가 되었습니다. 과거의 인류가 목숨을 걸고 고기를 사냥했다면 현대의 인류는 마트에서 슬리퍼를 끌며 예쁘게 정육된 고기를 주워 담습니다. 인류의 사냥터가 마트가 된 지는 이미 오래이고 지금도 충분히 쾌적한 사냥을 즐기고 있지만, 인공지능의 등장으로 인해 인류의 쇼핑 경험은 한층 더 쾌적해질 전망입니다.

아마존고에서 가상장부가 만들어지는 모습

들어가서 들고 나오면 끝

2016년, 아마존은 시애틀에 아마존고^{AmazonGo}라는 무인매장을 열었습니다. 이 매장에서는 그야말로 산책을 하듯 쇼핑을 즐길 수 있습니다. 계산을 하기 위해 줄을 서거나 점원을 마주칠 필요가 없기 때문입니다. 소비자가 해야 할 일은 매장에 입장할 때 아마존 앱을 인식시키는 것뿐입니다. 그 이후로는 매대에서 자신이 원하는 상품을 자신이 들고 온 가방에 집어넣기만 하면 됩니다. 마음이 바뀌어서 사고 싶지 않다면 다시 매대에 올려놓으면 됩니다. 소비자가 이런 행동을 하는 사이에 가상의 장부가 만들어지고 그 가상의 장부에서 물건값이 계산됩니다.

매쉬진에서 개발한 자동 계산대

　이런 일이 가능한 것은 역시나 기계의 눈이라고 할 수 있는 컴퓨터 비전과 딥러닝 알고리즘을 통해 인공지능을 미리 학습시켜 두었기 때문입니다. 인공지능은 물건을 가방에 넣거나 빼는 행동을 미리 학습해 두었기 때문에 소비자가 이 행동을 할 때 이것을 인식할 수 있습니다. 어떤 물건을 고르는지도 인식할 수 있고 그 물건의 가격도 알 수 있습니다. 가상의 장부를 만들고 값을 계산하는 것은 기계의 입장에서는 비교적 쉬운 일입니다. 소비자는 쇼핑이라기보다 그저 산책하듯이 걸어나가기만 하면 됩니다. 그래서 아마존은 이 기술의 이름을 '그냥 걸어나가면 되는 기술Just Walk Out Technology'이라고 붙였습니다.

뉴욕 메츠 경기장에 설치된 매쉬진의 계산대

아마존은 거대 기업이기 때문에 이런 기술을 최적화하여 적용할 수 있는 매장을 따로 개설할 수 있습니다. 그러나 동네의 작은 마트들은 비용과 기술적인 문제로 인해 이런 환경을 구축하기가 어렵습니다. 이런 소매점을 위한 기술을 개발하고 있는 스타트업도 있습니다.

매쉬진Mashgin이라는 기업은 바코드가 없어도 카메라로 물건을 인식해서 자동으로 계산할 수 있는 계산대를 개발하고 있습니다. 소비자는 자신이 구매하려는 물건을 계산대 위에 올려 놓기만 하면 됩니다. 예를 들어 콜라, 빵, 야채, 고기를 계산대에 올려 놓으면 카메라가 한 번에 인식해서 자동으로 물건값을 계산합니다. 이 기계는 2019년에 메이저리그 사무국과의 협업을 통해 미국의 야구장에 설치되기 시작했습니다.

이 기계가 작동하는 방식 역시 컴퓨터 비전과 딥러닝입니다. 인공지능이 끝없이 학습을 계속하기 때문에 새로운 상품이 출시되어도 문제가 되지 않습니다. 인식할 수 있는 상품의 범위도 넓어서 레스토랑, 헬스케어, 교육, 엔터테인먼트 분야로 점차 확대되고 있습니다.

온라인 상품 진열의 무한한 가능성

인공지능은 오프라인뿐만 아니라 온라인에서의 쇼핑 경험에도 변화를 가져올 것으로 예상됩니다. 그중 하나가 바로 상품의 진열입니다. 상품을 어떻게 보여주느냐에 따라서 판매량이 달라지기도 합니다. 오프라인 쇼핑몰에서는 실물을 전시하기 때문에 여러 제약을 받지만 온라인 쇼핑몰에서는 실물 대신 사진을 전시하기 때문에 훨씬 다양한 연출이 가능합니다. 온라인 쇼핑이 일반화되면서 소비자가 브랜드, 가격, 판매량 등의 옵션을 선택해서 자신이 원하는 상품을 좀 더 빠르고 정확하게 검색할 수 있게 되었습니다.

인공지능은 여기서 한발 더 나아가 진열 방식을 혁신적으로 바꾸고 있습니다. 사실 상품을 분류하는 방식에 브랜드나 가격과 같은 지표만 있는 것은 아닙니다. 그동안 우리가 브랜드나 가격과 같은 지표에 따라 상품을 진열했던 것은 그것이

인공지능이 진열한 의류 상품

인간이 인지하고 처리하기에 편리한 정보였기 때문입니다. 그러나 기계에게는 인간이 직접 하기에는 복잡하고 시간이 많이 걸리는 작업을 맡겨 볼 수 있습니다. 예를 들어 옷의 색상별로 상품을 나열한다든가, 줄무늬 옷만 골라서 보여준다든가 하는 일을 시킬 수 있습니다. 또 이 두 가지 특징을 결합하여 상품을 진열시킬 수도 있습니다.

옆에 보이는 그림은 인공지능이 두 가지 기준에 따라 상품을 진열한 것을 보여줍니다. 왼쪽에서 오른쪽은 색상, 위에서 아래는 무늬를 기준으로 한 것입니다. 눈썰미가 좋은 분이라면 이미 알아챘겠지만 왼쪽에서 오른쪽은 빨간색에서 파란색, 위에서 아래는 점박이 무늬에서 줄무늬로 변화하고 있습니다.

그동안 우리는 원피스를 이런 형태로 진열할 수 있다는 생각은 미처 하지 못했던 것 같습니다. 어쩌면 이런 생각을 이미 했던 마케터가 있을 수도 있지만 이것을 실제로 실행하기 위해서는 엄청난 작업량이 요구되기 때문에 실행하기는 쉽지 않았을 것입니다. 그러나 이미지를 스스로 학습하여 상품의 특징을 파악하는 인공지능에게는 이 일이 그렇게 부담스러운 일이 아닙니다. 인공지능 덕분에 꽤나 창의적인 상품 진열을 할 수 있게 된 것입니다.

이 예시에서는 2차원으로 원피스를 진열했지만 소비자가 원하는 변수를 추가시키면 다차원으로 원피스를 진열하는 일

도 가능할 것입니다. 또한 어떤 변수를 사용할 것인지는 소비
자가 선택할 수 있기 때문에 그야말로 원피스에 대한 개인 진
열장을 무한대로 만들어 볼 수 있습니다. 판매자는 인공지능
과의 협력을 통해 새로운 쇼핑 환경을 제시할 수 있고 소비자
는 인공지능의 매개를 통해 새로운 쇼핑 경험을 하게 될 것입
니다.

참고문헌

■ Business Wire. (2019. 09. 23). New York Mets and Aramark Team With CLEAR and Mashgin to Deliver the First Fully-Automated Concessions Experience in Sports.

■ CNN Business. (2018. 10. 03). I spent 53 minutes in Amazon Go and saw the future of retail.

■ Zalando Research. Improving Fashion Item Encoding and Retrieval.

인간의 일자리와 인공지능의 편의성

인공지능을 통한 업무의 자동화는 우리에게 가장 중요한 질문을 던집니다. 바로 인간의 일자리 문제입니다. 2019년 7월 보도에 따르면, 아마존은 6년간 8천억 원을 투입해 직원의 3분의 1을 감원할 것으로 알려졌습니다. 인공지능과 로봇을 통해 물류, 배송, 일반 사무관리의 자동화가 가능하기 때문입니다. 실제로 아마존은 프라임 서비스를 사용하는 고객들을 대상으로 주문에서 배송까지 걸리는 시간을 기존보다 30% 줄이기로 했는데, 이 일에 배치된 것은 인공지능과 로봇이었습니다. 미국 아마존의 직원이 30만 명이라고 하니 이 중 10만 명은 새로운 일자리를 찾아야 합니다.

이런 변화는 근로자들에게는 위협이지만 소비자들에게는 더욱 빠르고 편리한 쇼핑을 할 수 있다는 점에서 두 이해당사자의 이익이 충돌합니다. 인공지능으로 인한 노동자의 생존권과 소비자의 편의성 충돌은 전 산업 분야에 걸쳐 비슷한 양상으로 발생할 것이며 사회문제로 대두될 것입니다.

물류
사물이 스스로 이동하게 하라

길은 인간 문명의 혈관입니다. 땅길이 열리고 바닷길이 열리고 하늘길이 열릴 때마다 인간의 문명은 발전을 거듭했습니다. 역사가 계속될수록 바퀴와 엔진과 날개를 단 기계들이 사방천지를 뒤덮었는데, 이 기계를 운전하는 것은 인간이었습니다. 인간이 운전할 수밖에 없었던 것은 인간이 운전을 좋아해서라기보다 '스스로 이동할 수 있는 물건'을 만드는 방법을 몰랐기 때문입니다. 이제 운전하는 것조차 귀찮아진 인간은 스스로 이동하는 기계를 만들 수 있을지를 실험하고 있습니다. 우리는 이 기술을 자율주행이라고 부릅니다.

하지만 자율주행을 달성하는 것은 생각만큼 쉬운 일이 아닙니다. 차량의 현재 위치 파악, 차량이 이동할 수 있는 지도의 완성, 차량을 이동시킬 수 있는 제어 기술, 사물 인식, 이동경로 최적화, 상황에 따른 의사결정 시스템, 이를 종합해 스스로 학습할 수 있는 딥러닝 알고리즘 등 해결해야 할 난제들이 쌓여 있습니다. 게다가 이 모든 것이 실험실이 아닌, 아주 작은 실수도 큰 사고로 이어지는 실제 도로에서 실현되어야 된다는 점에서 기술의 완성도는 거의 100%에 가까워야 합니다.

운전, 꼭 인간이 해야 할까

MIT의 자율주행기술연구소Autononous Vehicle Technology는 이와 같은 문제를 해결하기 위해서 실험을 거듭하고 있습니다. 자동차를 학습시키기 위해 실제 도로의 모습을 담고 있는 고해상도 영상을 수집하는 한편, 인간이 자동차를 운전할 때 어떤 행동을 하는지를 도로주행 영상과 연계하여 분석함으로써 운전이라는 일에 대해 총체적 이해를 시도하고 있습니다.

2019년 4월에 발행된 논문에 따르면, 이 연구소는 테슬라 23대, 볼보 2대, 레인지 로버 2대, 캐딜락 2대를 사용해 장기간에 걸쳐 실제 도로 주행 데이터 영상을 수집했습니다. 총 15,610일에 걸쳐 122명의 운전자 습관을 분석했으며, 총 주행거리 약 82만 *km*에 걸쳐 약 71억 장에 달하는 비디오 프레임을 분석했습니다. 만일 여러분이 운전을 많이 하면 할수록

MIT가 자율주행에 사용한 자동차들

능숙한 운전자가 된다는 전제에 동의한다면, 자율주행차보다 운전을 잘하는 인간 운전자는 사실상 존재하기 어렵게 됐습니다.

인간은 자신이 아닌 타인의 운전 습관에 대해서는 잘 알지 못합니다. 반면에 인공지능은 이미 122명의 운전 습관을 알고 있습니다. 1만 5천 시간은 41년 동안 잠도 자지 않고 먹지도 않고 24시간 내내 운전만 해야 달성할 수 있는 시간이기 때문에 운전에 대한 기계의 학습량은 인간을 압도합니다. 또한 인간은 자신이 주로 거주하는 주변 환경에만 익숙한 반면에 기계는 북극, 적도, 아시아, 유럽 등 각각의 환경에서 수집한 데이터를 종합적으로 학습할 수 있기 때문에 오히려 인간보다 다양한 환경에 대한 경험치도 높다고 볼 수 있습니다.

자율주행, 이동의 개념을 바꾸다

MIT는 2017년 10대 혁신기술로 자율주행 트럭을 꼽았습니다. 자율주행 승용차에 비해 화물 트럭의 경우 정해진 구간을 큰 변수 없이 운전하기 때문에 사고 가능성이 낮아, 물류 분야에서 자율주행이 우선 정착할 것으로 보입니다.

물론 제도적으로나 기술적으로 아직도 넘어야 할 산이 많은 것은 분명하지만, 기계가 스스로 운전할 수 있으리라는 것 역시 기정사실이 되어가고 있습니다. 게다가 자율주행이라고 하면 자동차를 떠올리기 쉽지만 비슷한 기술이 배, 항공기, 드론, 로봇, 기차에 이르기까지 세상에 존재하는 거의 모든 이동수단에 적용될 수 있다는 점에서 그 파급력은 어마어마할 것으로 예상됩니다. 종국에는 운송과 물류의 개념을 송두리째 바꿔버릴 것으로 전망됩니다.

자율주행이 일반화되면 '이동'이라는 개념에 엄청난 변화가 생길 것입니다. 이동의 주체와 방법이 지금과는 반대로 바뀌기 때문입니다. 과거에는 물자와 서비스가 이동하기 힘들었기 때문에 사람이 물자나 서비스가 있는 곳으로 이동해야만 했습니다. 예를 들어 유럽에서만 나는 특산품을 아시아에 있는 사람이 갖고자 한다면 특산품이 있는 곳으로 사람이 이동하는 식이었습니다.

그런데 자율주행을 통해 물자와 서비스가 스스로를 움직여서 사용자가 있는 곳까지 직접 찾아온다면 사람이 직접 이동해야 할 이유는 자연스럽게 소멸됩니다. 자율주행차가 등장하면서 사회적으로 운송업의 일자리 문제도 부각되고 있습니다만, 조금 더 멀리서 바라보면 이것은 20만 년 동안 인간이 살아왔던 방식을 뒤집는 거대한 변화라는 것을 깨닫게 됩니다. 흔히 자율주행이라고 부르는 기술의 실체를 '스스로 운전하는 차' 정도로 생각해서는 곤란합니다. 이것은 물류에 대한 개념 자체를 완전히 바꾸어 버리는 물류혁명으로 이해되어야 합니다.

"지금까지 물류는 사람이 물자가 있는 곳으로 이동하여 가지고 온다는 개념으로 이해됐지만 앞으로는 물건 스스로 사람이 있는 곳으로 이동하게 한다는 개념으로 바뀔 것입니다."

사실 이동이라는 것의 기본 아이디어는 기계나 인간이나 다를 것이 없습니다.

• 내가 있는 곳에서 원하는 곳까지 이동한다.
• 이동하는 동안 장애물이 있으면 피한다.
• 이왕이면 최단거리로 간다.

아마 이 정도가 인간을 포함한 모든 생명체가 이동할 때 사용하는 원칙일 것입니다. 기계라고 해서 다를 것은 없습니다. 원하는 곳까지 길을 안내하는 지도, 장애물을 피할 수 있는 방법, 이동에 필요한 에너지만 확보할 수 있다면 기계도 인간처럼 이동할 수 있습니다.

바다를 누비는 인공지능

인간에게 강과 바다는 생명의 보고입니다. 예나 지금이나 강변과 해변에 사람이 모여들고 문화와 산업이 융성했습니다. 이미 약 3만 년 전에 배가 존재했다는 학설이 있지만 이를 뒷받침할 만한 근거는 발견되지 않는다고 합니다. 어쨌거나 최초의 배는 물 위에 '저절로' 뜨는 나무토막 등에서 기원했을 가능성이 높습니다.

'저절로 물 위에 뜨는 물체'를 발전시켜 바다를 건넜던 인류는 이제 '스스로 물 위를 항해하는 물체'를 만들고 있습니다. 인류가 '배'라고 불리는 형태의 물체를 만들기까지 바다 위에서 숱한 생명을 바쳤을 선조들이 이 말을 듣는다면 정말이지 놀라서 까무러칠 것입니다.

바다 위의 선박이 스스로 주행할 수 있으려면 먼 거리까지 무선통신이 가능해야 합니다. 우리가 스마트폰을 사용하기 위해 기지국에서 신호를 전송받는 것처럼 바다 위의 선박들

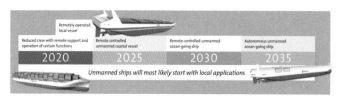

롤스로이스의 자율주행선박 개발 계획

도 신호를 전달받을 수 있어야 합니다. 그런데 2012년 무렵부터 수천 *km* 떨어진 바다에서도 육지와 신호를 주고 받을 수 있는 기술이 개발되었고 이후 본격적으로 자율주행 선박에 대한 연구가 진행되었다고 합니다.

2012년이 컴퓨터 비전의 성능을 크게 개선시킨 합성곱신경망 기술이 재조명된 해라는 점을 생각해 보면 비슷한 시점, 각각의 분야에서 개별적으로 개발되던 기술들이 한데 얽히면서 기술의 빅뱅이 일어나 오늘날 4차 산업혁명으로 불리는 거대한 파도를 일으킨 것은 아닌가 하는 생각을 하게 됩니다.

놀랍게도 자율주행 선박 개발에 가장 앞장서는 기업 중 하나는 고급 자동차의 대명사 롤스로이스입니다. 그런데 롤스로이스의 계획에도 어김없이 등장하는 이름이 있으니, 바로 구글입니다. 구글의 클라우드 머신러닝을 사용해서 선박 스스로 장애물을 탐지하고 식별할 수 있도록 학습시킨 것입니다.

롤스로이스는 사람이 담당했던 수많은 업무를 하나씩 자동화하는 것으로 시작해서 2025년에는 사람이 탑승하지 않은 채 무선으로 조종되는 선박을 완성하고 2035년에는 무선 조종도 필요없는 완전한 자율주행 선박을 개발하겠다는 계획을 발표했습니다.

도대체 어떻게 배가 사람의 개입없이 스스로 운항한다는 것인지 궁금할 것입니다. 그러나 기계는 이미 여러 면에서 인간보다 나은 능력을 보이고 있습니다. 특히 컴퓨터 비전을 사용할 경우 사람의 눈으로는 식별할 수 없는 정보까지 탐지해 낼 수 있어 충돌방지에 있어서 보다 나은 안정성을 확보할 수 있고, 엔진의 고장을 예측하거나 에너지 효율을 극대화하여 비용을 절감할 수 있으며, 화물의 적재를 최적화하여 이익을 극대화할 수 있습니다.

이 밖에도 자율주행 선박의 개발은 다각도로 진행되고 있습니다. 노르웨이의 야라인터네셔널은 일명 바다의 테슬라로 불리는 전기 자율주행 선박을 개발 중에 있으며, 일본은 NYK라는 해운사를 비롯한 10여 개의 해운사들이 2025년 전에 상용화를 목표로 자율주행 컨테이너선을 개발하고 있습니다. 중국도 자율주행 선박 개발을 '중국제조 2025 계획'에 포함시켰습니다.

하늘을 가르는 인공지능

지금까지 비행은 근거리보다 장거리 이동수단으로 각광받

았습니다. 근거리는 자동차, 장거리는 비행기라는 인식이 일반적입니다만, 드론과 인공지능의 결합을 통해 탄생될 근거리 비행 시장은 자동차와 비행기의 중간지대를 새롭게 탄생시킬 것으로 예상됩니다. 우버와 같이 공유택시 서비스를 제공하는 기업이 자율비행 택시 개발에 열을 올리는 이유도 바로 이 때문입니다.

우버는 우버 에어Uber Air라는 이름으로 미국의 로스엔젤레스와 호주의 멜버른에서 2020년부터 시험 운행을 한다고 발표했으며 2023년 상용서비스 출시를 목표로 하고 있습니다. 도심에서 이동 효율을 극대화하기 위해 고층 빌딩의 옥상을 승강장으로 사용할 계획이며 조종사 없이 무인 자율비행으로 운영할 계획입니다. 대도시의 경우 도심지의 주요 빌딩들이 지하철역이나 버스 정류장과 연계되어 있기 때문에 빌딩 옥상을 자율비행 택시의 승강장으로 사용한다면 교통 편의성은 극대화 될 것입니다.

드론 택시에 도전하는 자동차 기업들도 있습니다. 아우디는 항공기 제작사인 에어버스와 공동으로 수직 이착륙이 가능한 쿼드콥터 형태의 비행자동차를 개발하고 있습니다. 이 비행자동차는 도로를 주행하는 동시에 하늘을 날 수도 있습니다. 아직은 실험 단계의 프로토타입에 불과하지만 30분 정도의 전기 충전으로 $400km$를 이동할 수 있는 자율주행 드론 택시를 목표로 하고 있습니다.

항공기 제작업체 보잉에서 개발 중인 플라잉 택시

중국의 이항Ehang은 이항184라는 자율주행 드론 택시를 개발하고 있습니다. 두바이가 이항184의 시험주행을 허가해 주행 테스트도 이루어졌습니다. 두바이는 자율주행 드론 택시 산업에서 첫번째 국가라는 타이틀을 차지함으로써 첨단 국가의 이미지를 만들어 낼 수 있을 것으로 기대하면서 적극적으로 시험 주행을 돕는 것으로 알려져 있습니다.

국내 기업인 현대자동차 그룹도 2019년 9월 자율비행차 개발을 선포하고 미국 항공우주국NASA 출신 신재원 박사를 부사장으로 영입했습니다. 2040년에 1조 5천억 원 규모의 거대 시장으로 성장할 것으로 예상되는 신시장에서의 경쟁력을 확보하기 위해 도심항공모빌리티Urban Air Mobility라는 사업부도 신설했습니다. 그런가 하면 현대자동차 그룹의 정의선 수석 부회장은 "자율비행차가 5단계(완전) 자율주행차보다 먼저 상용화될 수도 있을 것"이라는 의견을 피력하며 자율주행에서 세계 최고 수준의 기술을 보유한 앱티브Aptiv와 합작회사를 설립하고 2조 4천억 원을 투자한다고 발표했습니다.

자율주행하면 빼놓을 수 없는 것이 바로 택배 드론입니다. DHL은 이항과의 파트너십을 통해 완전 자율주행으로 배송하는 드론을 개발 중입니다. 아마존은 구매자의 집 앞에 상품을 떨어뜨릴 수 있는 드론을 개발 중이며, 구글의 윙Wing은 미국 정부로부터 국내 배송에 대한 승인을 얻었습니다.

자율주행 드론이 소형 상품만 배송할 수 있는 것도 아닙니다. 이른바 카고드론cargo drone이라 불리는 대형 드론도 개발되고 있습니다. 물류산업에서는 장거리 배송을 위해 중간 배송지까지 상품을 이동시켜야 하는데 카고드론을 이용하면 트럭을 이용할 때보다 좀 더 빠르게 대량의 상품을 중간 기착지까지 배송할 수 있습니다.

전통적 여객항공 시장에도 자율주행이 도입되고 있습니다. 세계 최대의 항공기 제조업체인 보잉은 2018년에 조종사를 태우지 않고 자율주행하는 여객기를 실험했습니다. 탑승자가 수백 명에 달하는 자율주행 여객기는 자율주행 자동차보다 급진적으로 보일지도 모릅니다. 하지만 대부분의 여객기에 오토파일럿 기능이 탑재되어 있었다는 점을 떠올려 보면 하늘에서의 자율주행은 이미 부분적으로나마 실현되고 있었다고 보아야 할 것입니다. 게다가 항공 분야에서 자동화되는 것은 단순히

DHL과 이항에서 개발 중인 택배 드론

주행뿐만이 아닙니다. 항공관제, 항공정비 등의 분야에서도 인공지능에 의한 자동화가 진행되고 있습니다.

공항에 비행기가 이착륙하기 위해서는 활주로의 상황을 파악할 수 있는 관제사가 필요합니다. 관제사들은 활주로, 유도로, 게이트 등의 상황을 종합적으로 판단해서 항공기의 이착륙을 유도합니다. 이때 관제사가 판단을 내리기 위해 주로 사용하는 정보 역시 시각 정보입니다. 인간 관제사가 육안으로 활주로의 상황을 체크하는 것처럼, 기계가 컴퓨터 비전을 통해 활주로 상황을 체크할 수 있다면 이 일 역시 인공지능에 의해 자동화될 수 있는 가능성이 있습니다.

실제로 캐나다 기업인 시릿지Searidge Technologies는 인공지능 관제 시스템을 개발하고 있습니다. 관제사들이 해야 할 일을 카메라 2백여 대와 딥러닝 알고리즘에 대신 맡기는 것입니다. 기존에는 인간 관제사가 활주로를 조망할 수 있게 하기 위해서 상당한 높이의 관제탑을 따로 지어야 했습니다. 하지만 인공지능 관제 시스템에서는 카메라만 설치하면 되기 때문에 관제탑이 필요 없고, 관제사들이 공항 내부에서 근무해야 할 이유도 사라집니다. 또한 관제사들의 눈에는 잘 보이지 않는 장애물을 인공지능이 볼 수 있는 가능성도 높아 활주로의 안정성도 높아질 수 있을 것으로 기대하고 있습니다.

물론 이와 같은 급격한 변화가 예상치 못한 사고를 유발할 수 있기 때문에 신중한 검토가 필요하지만, 관제를 자동화함으로써 시간당 처리 가능한 비행기 수가 증가하고 활주로에서의 사고도 줄일 수 있을 것으로 기대되어 많은 공항에 도입되리라 예상됩니다. 헝가리 부다페스트 공항은 유럽 연합이 인증한 이 기술을 도입한 원격 타워를 시범 운영하고 있으며 2020년부터는 상시 운영을 목표로 하고 있습니다.

우주를 유영하는 인공지능

자율주행이 빛을 발할 수 있는 곳 중 하나는 바로 우주입니다. 우주는 지구와 환경이 다르기 때문에 인간이 생존하기 어렵습니다. 우주에서 인간은 숨을 쉬기도 어렵고 필요한 식량을 제때 공급받는 것도 어렵습니다. 따라서 인간 대신 기계 스스로 자신의 몸을 움직여 우주의 이곳저곳을 탐사할 수 있다면 이보다 더 좋을 수는 없을 것입니다. 그런데 놀랍게도 자율주행 탐사로봇을 이용한 우주 탐사는 이미 오래전부터 있었다고 합니다.

그때가 언제일지는 모르지만, 태양과 이에 속한 행성인 지구도 다른 별들과 마찬가지로 언젠가는 죽고 말 것입니다. 그렇게 되면 지구에 사는 인간은 멸종을 맞을 수밖에 없습니다. 그 때가 오면, 인류의 생존은 지구가 아닌 다른 별에서 계속되어야 할 것입니다. 과연 어느 별이 새로운 지구가 될까요? 이 어려운 여정을 함께할 우리의 동료는 바로 자율주행 탐사로봇입니다. 이에 대해서는 뒤에서 좀 더 자세하게 다루도록 하겠습니다.

참고문헌

■ Fridman, L., Brown, D. E., Glazer, M., Angell, W., Dodd, S., Jenik, B., ... & Abraham, H. (2017). Mit autonomous vehicle technology study: Large-scale deep learning based analysis of driver behavior and interaction with automation. arXiv preprint arXiv:1711.06976.

■ Rolls-Royce. Autonomous ships: The Next Step.

■ Searidge Technologies. First Certified Medium-Capacity Remote Tower: Budapest International Airport (BUD).

■ Uber. (2016. 10. 27). Fast-Forwarding to a Future of On-Demand Urban Air Transportation.

■ KB금융지주 경영연구소. (2018). 자율운항선박의 현재와 미래.

■ MBC. (2019. 11. 17). 줄지어 '자율주행'. 앞 차 멈추면 알아서 '급제동'.

■ 과학기술정보통신부. (2017. 12). 미래형 자율비행 개인항공기(OPPAV) 안전 운항체계 개발 및 인프라 구축 공동기획연구.

■ 연합뉴스. (2017. 02. 14). 두바이서 中개발 '나는 택시' 유인드론 7월 시험비행.

■ 조선일보. (2019. 09. 30). 현대차, '플라잉카' 시장 준비한다…美 NASA 출신 신재원 박사 영입.

■ 중앙일보. (2018. 12. 18). 드론택시 누가 먼저?…아우디·롤스로이스 시제품 보니.

제조
기계 스스로 일하게 하라

　최소한의 비용으로 최대의 양과 최고의 품질의 제품을 만들겠다는 제조업의 원칙은 예나 지금이나 바뀐 게 없습니다. 인간은 이 원칙 아래 끊임없이 한 방향으로 나아갔고 약 200년 전부터 기계와의 협력을 통해 생산성 향상 측면에서 엄청난 도약을 이뤄냈습니다. 오늘날의 인공지능 역시도 그동안 인류가 나아갔던 방향으로의 진군 속도를 가속시키는 도구라는 점에서는 다를 것이 없습니다.

　다만 지금까지의 로봇이 인간이 프로그래밍한 대로만 움직였다면, 앞으로의 로봇은 스스로 학습하는 인공지능과 결합되어 스스로 품질을 관리하고, 생산성 향상 방안을 제안하

고, 제품을 디자인하는 등 창의적인 로봇으로 거듭날 것이라
는 점에서 차이를 가집니다. 어느새 똑똑한 공장이 스스로 일
을 하는 스마트 제조의 시대로 접어들고 있는 것입니다. 이제
노동자들은 지금껏 하던 일은 로봇에게 물려주고 이렇게 똑
똑해진 로봇과 과연 무엇을 함께할 수 있을지를 다시 고민해
야 하는 시점을 맞았습니다.

스마트한 제조, 스마트한 공장

이런 변화는 이미 우리의 산업 현장에 서서히 나타나고 있
습니다. 예를 들어 평택에 위치한 축구장 20개 크기의 삼성전
자 반도체 공장에는 직원이 하나도 보이지 않는다고 합니다.
이미 자동화가 이루어진 것으로 볼 수 있습니다. 그런데 여기
에 인공지능 기술을 접목해 기계 스스로 학습하고 판단해서
스스로 개선하는 스마트 제조 환경을 구축하고 있습니다. 이
를 위해 삼성전자는 고급공정제어Advanced Process Control, APC라
고 불리는 팀을 꾸리고 머신러닝을 구현할 수 있는 인력을 대
거 채용 중인 것으로 알려졌습니다.

스마트해진 공장은 스스로 다음과 같은 일을 할 수 있습니
다. 예를 들어, 지금까지 기계 고장에 대한 대처는 '사후대응'
이었습니다. 일단 기계가 고장나면 고치는 방식입니다. 이런
방식이 채택된 것은 어떤 기계의 어느 부품이 수명이 다해가

고 있는지를 인간이 일일이 체크하는 것이 쉽지 않기 때문입니다. 그러나 인공신경망을 통해 스스로 학습하는 인공지능은 각 부품의 이상 동작을 감지하고 수명을 예측해 고장이 일어나기 전에 미리 진단하고 대처하게 합니다.

삼성SDS는 넥스플랜트Nexplant라는 스마트팩토리 플랫폼을 발표했습니다. 이 플랫폼은 설비에 장착된 센서를 통해 수집된 데이터를 인공지능으로 분석해 실시간으로 이상 신호를 감지해서 고장이나 불량이 발생할 것으로 예상되는 시점을 예측하여 생산공정을 최적화하는 것을 목표로 합니다. 이와 같은 지능화 시스템은 설비, 공정, 검사, 자재물류 등 제조의 거의 전 영역에 적용되어 효율성을 극대화합니다.

반도체의 성능이 개선되는 만큼 반도체의 제조 공정도 복잡해집니다. 예를 들어 1메가바이트의 D램을 생산하는 데 과거에 비해 제조 공정은 5배 정도 늘어나고 설비의 수도 수십 배 정도 증가하는 식입니다. 이 과정에서 나오는 데이터의 양도 기하급수적으로 증가하기 때문에 어마어마한 양의 데이터들을 효율적으로 관리하기 위해서라도 인공지능의 투입이 요구됩니다. 삼성의 경우 연간 설비투자가 15조 원에 이르기 때문에 생산성을 1%만 향상시켜도 무려 1천 5백억 원의 효과를 얻을 수 있습니다. 삼성은 실제로 제조의 지능화를 통해 고장 원인 분석시간을 90% 줄이고 품질을 30% 향상시켰으며 품질 검사를 100% 자동화했다고 발표했습니다.

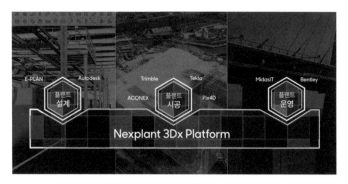

삼성SDS가 발표한 스마트팩토리 플랫폼 넥스플랜트 (삼성SDS 유튜브 채널)

　　LG CNS는 구글 클라우드 인공지능을 도입해 불량률 개선에 나섰습니다. 여기에도 컴퓨터 비전을 활용한 이미지 판독 기술과 구글의 오토엠엘AutoML 기술이 적용되었습니다. 오토엠엘은 자동머신러닝이라는 뜻으로 인공지능을 개발하는 데 도움을 주는 인공지능입니다. 말하자면 문서 작성을 자동화해 주는 프로그램인 파워포인트 역할이라고 할 수 있습니다. 파워포인트에는 문서 작성에 필요한 주요 기능들이 기본적으로 탑재되어 있어서 누구나 직관적으로 고품질의 문서를 만들 수 있습니다. 마찬가지로 오토엠엘은 인공지능을 학습시키는 데 필요한 주요 기능들을 기본으로 제공하고, 클라우드를 통해 학습시켜 인공지능을 개발하는 시간과 노력을 단축시킵니다.

　　실제로 LG CNS가 수십만 건의 데이터로 실험한 결과 인공지능 모델 제작 기간을 1주일에서 2시간으로 단축시켰고 판정률도 향상시킬 수 있었습니다. 인공지능 개발 기간을 약 30배 단축하면서도 판정률의 정확도는 최대 99.9%까지 끌어 올린 것입니다. 이 같은 성과에 따라 앞으로 인공지능을 활용한 제조 검수를 LCD와 OLED 패널, 화학 제품 등으로 확장할 계획입니다.

2025년 완료를 목표로 스마트팩토리를 추진하고 있는 현대제철은 인공지능을 도입해 차 강판 생산량을 연간 15만 톤 이상 끌어올렸습니다. 제조업의 경우 하나의 제품 공정을 완성하기까지 여러 번의 시행착오가 불가피한데, 인공지능을 통해 '시험-오류-수정'의 전 과정을 시뮬레이션해서 반복작업을 최소화하고 작업공정을 표준화함으로써 최적화된 공정을 찾아낸 것입니다.

예를 들어 철강 제품은 어느 정도의 시간을 두고 슬래브 Slab 추출을 하느냐에 따라 품질에 편차가 생깁니다. 지금까지는 장인이나 숙련공의 경험과 감에 따라 슬래브 추출 작업을 했습니다. 그러나 작업자마다 경험과 감이 조금씩 다르기 때문에 품질이 일정하지 못하다는 문제가 발생합니다. 인공지능은 데이터 학습을 통해 최적의 추출 시간을 찾아냈고, '추출 자동화' 기술 덕분에 15만 톤의 증산효과를 거둔 것입니다. 이는 자동차를 연간 17만 대 정도 더 만들 수 있는 분량이라고 합니다.

현대차그룹도 인공지능과 IoT기술을 접목해 제조 공정 자동화와 로봇을 통한 자율생산체계를 구축하고 있습니다. 현대차그룹은 전 세계 공장에서 생산 중인 모든 차량을 실시간으로 연결하여 제조 공정을 자동화시킬 수 있는 '스마트 태그' 기술을 개발했습니다. 제조 중인 차량에 스마트 태그를 부착하기만 하면 차종, 판매 국가, 입고 순서 등 생산 과정의 주요 정보를 전 세계 모든 공장의 생산 설비와 양방향으로 주고받을 수 있습니다. 자동차 조립과 체결에 대한 정보와 차량별 생산 이력을 중앙 서버에 저장할 수 있게 된 것입니다.

지능화 설비가 만든 변화

글로벌 자동차 기업들은 하나의 라인에서 여러 가지 모델을 제조할 수 있는 '혼류 생산'을 하는 추세인데, 이때 차종 분류가 정확하게 이뤄지지 않으면 불량이 발생할 확률이 높아집니다. 그런데 스마트 태그를 부착하면 일일이 눈으로 확인할 필요 없이 자동으로 처리할 수 있어 불량률 제로를 달성할 수 있다고 합니다.

볼보와 폭스바겐 등 글로벌 자동차 기업들도 맞춤생산 최적화와 생산 효율성 증대를 위해 제조 자동화를 끊임없이 연구하고 있기 때문에 자동차 제조사 입장에서는 경쟁에서 살아남기 위해서 자동화 기술 도입이 불가피합니다. 폭스바겐의 경우 골프라는 자동차를 주문하면 공정자동화를 통해 무려 45가지에 이르는 색깔과 여러 가지 타이어 조합을 하나의 공장에서 처리할 수 있다고 합니다.

세계적 기업 제너럴일렉트릭GE도 스마트공장 건설에 앞장서고 있습니다. 제너럴일렉트릭은 항공, 오일, 가스, 철도 등 다양한 산업에 사용되는 기계를 생산하기 때문에 각각의 기계를 생산하는 공장을 따로 따로 건설해야 했습니다. 그러나 하나의 공장에서 서로 다른 기계를 생산할 수 있는 스마트 공장을 2015년에 인도에 건설함으로써 한계에 부딪혔던 것으로 보였던 생산성 향상을 이루어 냈습니다. 인공지능과 같은 지능화 설비를 통해 다시 한번 도약의 계기를 맞이한 것입니다.

참고문헌

■ GE리포트코리아. (2015. 04. 02). 유연하고 똑똑한 공장이 세계의 제조업 지평을 바꾼다 - GE의 멀티모달 공장 (Multi-Modal Factory).

■ 매일경제. (2017. 06. 15). 현대기아차, 스마트공장 시대 열었다.

■ 매일경제. (2018. 03. 23). 현대제철, 빅데이터·AI 기술로 철강을 더 강하게.

■ 산업통상자원부. (2017. 12). 4차 산업 혁명 시대 스마트 공장 확산을 위한 핵심 분야별 정책 방안 연구.

■ 삼성KPMG. (2018). 4차 산업혁명과 제조혁신: 스마트팩토리 도입과 제조업 패러다임 변화.

■ 삼성SDS. (2018. 08. 28). 삼성SDS, AI기반 '인텔리전트팩토리'사업 강화.

■ 소프트웨어정책연구소. (2018. 01. 05). 스마트공장 성공을 위한 소프트웨어의 역할과 과제.

■ 엘지 CNS. (2019. 04. 11). LG CNS, 구글 인공지능으로 제조불량률 잡는다.

■ 전자신문. (2019. 06. 20). 삼성전자, 반도체 공정 개선 위해 AI인력 대거 충원.

■ 정보통신기술진흥센터. ICT로 제조혁신, 스마트팩토리.

■ 한국과학기술기획평가원. 제조업 혁신 주도를 위한 스마트공장 정책 현황 분석 및 시사점

휴게실 토크

창의성의 자동화, 게으른 인간의 발칙한 발명품

인간의 역사를 도구의 역사라고도 합니다. 그런데 이때 도구의 임무 중 가장 중요한 것은 바로 '자동화'입니다. 역으로 생각하면 인간의 일을 자동화하는 것이 바로 도구입니다. 따라서 인간의 역사는 '업무 자동화의 역사'라고도 볼 수 있습니다. 덫이라는 도구가 사냥을 자동화했고 세탁기라는 도구가 빨래를 자동화했듯 오늘날에도 자동화 도구는 끝없이 개발되고 있습니다.

그렇다면 인간은 왜 이렇게 자동화에 목을 매는 걸까요? 어려운 질문처럼 보이지만 사실 답은 매우 간단합니다. 일하기 싫기 때문입니다. 사실 인간은 끔찍이도 일하기 싫어합니다. 우리는 우리의 게으른 본능을 너무나도 잘 알고 있습니다. 그런데 게으른 것은 잘못된 것이 아닙니다. 진화적 관점에서 보면 게으름은 오히려 너무나도 훌륭한 생존 전략입니다. 딱 살아남을 만큼만 일하겠다는 최적화 전략이기 때문입니다. 인간을 제외한 대부분의 생명체들이 이런 전략을 택한 것으로 보입니다. 오히려 생존하는 데 필요한 것 이상으로 일을 하는 것이 이상해야 마땅합니다.

그런데 인간은 조금 다릅니다. 인간은 자연이 부여한 최적화 전략에 '게으름'이라는 꼬리표를 붙이고 때로는 비난까지 하면서 '근면', 즉 더 열심히 살 것을 주문합니다. 특히 문화적으로 그렇게 가르치고 배웠습니다. 그렇다고 해서 진화가 40억 년간 일구어 온 게으른 생존 전략이 불과 몇천 년의 문화적 교육을 통해 바뀌기는 쉽지 않습니다. 그래서 인간은 여전히 게으릅니다.

그런데 인간은 놀랍게도 게으른 본성을 갖고 있으면서도 생존에 필요한 것 이상의 막대한 물자를 생산하고 있습니다. 오늘날 우리 주변은 과잉생산으로 넘쳐납니다. 과거에 비해 인간의 근력이 획기적으로 향상된 것은 아니라고 할 때(인구는 늘어났지만), 이 막대한 물자의 생산이 어떻게 해서 가능한 것인지 의문이 생깁니다. 물자의 생산에는 운동 에너지가 필요한데, 인간이 낼 수 있는 운동 에너지는 근육에서 발생되므로, 근육이 낼 수 있는 총 에너지보다 더 많은 물자가 생산되고 있다면, 그것은 어디에선가 다른 에너지가 작용하고 있다는 뜻입니다. 여러분도 이미 짐작하셨겠지만, 그 여분의 운동 에너지는 기계를 통해 출력되고 있습니다.

자동화 도구에는 크게 두 종류가 있는데 하나는 외형을 갖춘 하드웨어적 기계이고 다른 하나는 외형이 존재하지 않는 소프트웨어적 기계입니다. 하드웨어적 기계의 가장 오래된 사례가 도끼나 바퀴라면 소프트웨어적 기계의 가장 오래된 사례는 '언어'입니다.

하드웨어적 기계들이 인간의 운동능력을 증강시키는 데 이바지했다면 소프트웨어적 기계들은 인간의 지적 능력을 증강시키는 데 이바지했습니다. 최근 화제가 되고 있는 인공지능은 소프트웨어적 기계인데, 이 기계가 다른 소프트웨어와 다른 점은 스스로 무엇인가를 배울 수 있다는 점입니다. 인간의 뇌가 생물학적 신경망을 사용해서 학습하는 것처럼 인공지능도 인공신경망을 사용해서 학습합니다. 인간이 창의적일 수 있는 이유는 학습이 선행되기 때문인데, 기계도 학습할 수 있게 되었으므로 창의성의 일부 조건을 갖추었다고 볼 수 있습니다.

인간 지능의 정수처럼 여겨졌던 창의성의 일부를 자동화할 수 있는 기계가 인간의 게으른 본능을 충족시키는 과정에서 등장했다고 생각하면 아이러니도 이런 아이러니가 없습니다. 그러나 창의적인 일도 처리할 수 있는 기계의 등장으로 인해 인간은 그 어느 때보다 게으름을 피우면서도 생존할 수 있으리라고 생각하면,

- 인간은 게으르다
- (창의적인 기계를 만들었으므로) 인간은 창의적이다
- (창의적인 일을 처리하므로) 기계도 창의적이다

라는 명제를 동시에 받아들이지 않을 수 없습니다.

인간이 게으르기 때문에(게으름) 더 적게 일하면서도 더 많이 생산할 수 있는 더 효율적인 방법을 생각하게 되고(효율성), 그 과정에서 기계라는 새로운 장치를 만들어 내고(창의성), 그 기계가 갖는 효율성만큼 인간은 다시 게을러질 수 있다는 점을 생각하면 "게으름"과 "효율성"과 "창의성"은 마치 동의어처럼 보이기도 합니다. 이런 점에서 볼 때 창의성의 자동화는 게으른 인간의 발칙한 발명품이 됩니다.

"창의성의 자동화는 게으른 인간의 발칙한 발명품이다."

사무
최강의 부사수로 키워라

경영은 인간의 창의성이 복합적으로 반영되는 분야입니다. 상품 기획, 기술 개발, 시장 개척, 소비자 분석, 마케팅, 인재 개발, 조직 운영, 물류, 제조 등의 키워드가 모두 포함되며, 철학, 과학, 기술, 예술 등 다양한 분야의 지식을 융합하여 상품과 서비스로 재탄생시키는 과정을 모두 포함합니다. 우리는 이런 분야에 포함되는 직종을 화이트칼라라고 부릅니다. 우리말로 사무직이라고도 불리는 이 직종은 블루칼라에 비해 기계를 통한 자동화가 비교적 어려울 것으로 여겨져 왔습니다. 그러나 인공지능 시대에 가장 큰 자동화의 물결을 경험하게 될 직종은 다름 아닌 화이트칼라 직종입니다.

이런 변화를 이끄는 사람들 중에는 소프트뱅크의 손정의 회장이 있습니다. 손 회장은 비전 펀드를 통해 글로벌 1위 로봇 프로세스 자동화Robotic Process Automation, RPA 기업 오토메이션애니웨어Automation Anywhere에 우리 돈으로 3천 5백억 원을 투자했습니다. 기업의 이름이 상징하는 바가 심상치 않습니다. Automation Anywhere, 즉 '어디에나 자동화가 있게 하라'는 이 기업의 이름은 화이트칼라의 미래가 어떤 모습일지를 생생히 말해줍니다. '이매진 도쿄 2019'에서 기조연설을 했던 손 회장의 말을 들어보면 이것이 어떤 의미인지 알 수 있습니다.

"기업의 업무 프로세스를 자동화시키는 소프트웨어봇은 24시간 365일 일합니다. 사람보다 생산성은 2배 높고 업무 시간은 5배 길기 때문에 대략 10배의 인력을 투입하는 효과를 냅니다. 이 봇에 스스로 학습할 수 있는 인공지능을 탑재하면 효율이 25배까지 증가합니다. 고령화와 노동력 부족을 해결하는 것은 물론이고 인류의 생산성을 획기적으로 향상시킬 수 있는 혁신적 해결책입니다."

손정의 회장은 이 책을 통해 반복해서 강조하고 있는 내용인 "인공지능이 사람을 대체"하는 것이 아니라 "인공지능을 통해 인간의 능력이 증강"된다는 이야기도 덧붙였습니다. "인공지능이 인간의 일자리를 앗아가고 결국 사람은 실업자가 될 것이라는 우려가 있지만 이것은 어중간한 전문가들의 착각"이라고 지적했습니다. 예를 들어 150년 전 미국 인구의 64%가 농업에 종사했지만 지금은 3%로 줄었고 일본 인구의 90%가 농업에 종사했지만 지금은 5%로 줄었는데, 그렇다고 나머지 사람들이 전부 실업자가 된 것이 아니라, 예전에는 없었던 새로운 직업을 만들어 일하고 있다고 지적합니다. 그러면서 과거에는 블루칼라의 업무에 대한 자동화였다면 앞으로는 화이트칼라 업무에 대한 자동화라는 것이 다른 점이라고 지적합니다.

"지금까지의 RPA로봇 프로세스 자동화가 블루칼라의 혁신이었다면 RPAI로봇 프로세스 자동화 + 인공지능는 화이트칼라의 업무를 혁신하게 될 것이고 인류는 지성을 활용할 새로운 영토를 찾을 것이다. 우리는 늘 그래왔다."

이런 이야기만 들어서는 도대체 어떤 변화가 닥친다는 것인지 좀처럼 실감이 되지 않습니다. 그러나 여러분이 사무 업무를 처리하기 위해 사용하고 있는 엑셀을 떠올려보면 좀 더 현실감 있게 와닿을 것입니다. 엑셀 없는 사무실이 상상 되시는지요? 아마 우리들의 책상에서 엑셀을 빼고 나면 각종 업무가 마비되고 사무실은 혼란으로 가득찰 것입니다. 인공지능이 어떤 모습으로 우리의 책상 앞을 찾아올지 아직은 불분명하지만 지금의 엑셀보다 훨씬 강력해진 자동화 기능을 탑재하여 한층 더 영리해진 모습으로 찾아오리라는 것만은 분명합니다. 그럼 지금부터 인공지능과 함께 우리의 사무를 어떻게 개선시킬 수 있을지 살펴보겠습니다.

타게팅의 새로운 이름, 개인화

경영대학의 수업을 듣거나 일선 마케팅 현장에서 일하다 보면 '타게팅'이라는 단어를 귀가 따갑도록 듣습니다. 좀 더 효과적인 판매전략을 고민하는 마케터들은 소비자 전체를 하나의 그룹으로 보기보다 좀 더 세분화하여 몇 가지 그룹으로 나누어 각 그룹에 대한 맞춤 전략을 사용할 때 매출이 증가한다는 것을 알고 있습니다. 이처럼 타게팅은 각각의 소비자 그룹별로 차별화된 해법을 제시하고자 하는 마케팅 전략입니다.

여기서 놓치지 말아야 할 점이 있습니다. 왜 마케터들은 개인별 맞춤전략이 아니라 그룹별 맞춤전략을 실행했을까요? 곰곰이 생각해 보면 그것은 마케팅 담당자, 즉 인간 능력의 한계에서 비롯됐다는 것을 깨닫게 됩니다. 만일 마케팅 담당자가 70억 소비자 개개인에게 일대일로 대응할 수 있다면 그렇게 했을 것입니다. 그러나 제 아무리 똑똑한 마케터도 그것은 불가능합니다. 인간의 뇌가 가진 능력만으로는 70억 소비자를 다 기억하기도, 분석하기도, 대응하기도 불가능합니다.

콘텐츠 기획과 마케팅, 개인별 맞춤 서비스에 머신러닝을 도입한 넷플릭스
(Netflix Reaserch)

그렇기 때문에 '어쩔 수 없이 차선책으로' 비슷한 성향을 가진 사람들을 묶어서 그룹으로 관리했던 것입니다.

그런데 마케팅에 인공지능을 도입하면 이런 걱정에서 해방될 수 있습니다. 인공지능은 70억 명이 아니라 700억 명이라고 할지라도 일대일로 대응할 수 있기 때문입니다. 이제 타게팅targeting이라는 용어는 개인화personalize라는 용어로 대체될 가능성이 높습니다. 마케팅은 '그룹별 타게팅에서 개인별 맞춤서비스'로 진화하고 있습니다. 인공지능에 의해 개별 소비자에 대한 관리와 서비스가 자동화되고 있는 것입니다. 오늘날 넷플릭스, 유튜브, 페이스북, 네이버 등에서 제공되고 있는 개인별 추천 시스템은 그룹별 타게팅이 개인화될 수 있음을 보여주는 가장 대표적 사례이며, 동시에 인공지능 시대의 사무 자동화가 가진 파괴력과 잠재력을 유감없이 펼쳐보인 훌륭한 사례입니다.

나에 대해 나보다 더 잘 아는 인공지능

검색과 추천에 있어서 인공지능의 끝판왕은 구글 검색입니다. 구글 검색창이 하는 일은 마치 우리 시대 최고 지성인이 하는 일과 다르지 않습니다. 예를 들어 이제 막 대학에 들어온 학생이 있다고 가정해 보겠습니다. 이 학생은 '딥러닝'에 대해서 공부하기를 원합니다. 그런데 막상 무엇부터 공부하면 좋을지 몰라 쩔쩔매다가 교수님을 찾아가 상담을 합니다. 학생의 이야기를 들은 교수님은 학생과의 대화로부터 몇 가지 키워드를 뽑아낸 다음 학생에게 적절하다고 생각되는 자료 목록을 추천해 줍니다.

오늘날 구글 검색창의 역할이 바로 이 교수님의 역할입니다. 우리가 매일 사용하면서도 잘 느끼지 못했을 뿐, 구글 검색창은 우리 지성의 길잡이가 된 지 오래입니다. 어찌 이런 검색창을 두고 지능적이지 않다고 하겠습니까. 오늘 내가 무언가를 알아냈다면 그것은 구글의 길잡이를 따라간 결과일 가능성이 높습니다. 저 역시 이 책을 쓰는 동안 한시도 구글 검색창을 손에서 놓은 적이 없습니다. 제가 이 책을 쓰는 데 구글 검색창의 역할이 9할을 차지한다고 해도 과언이 아닙니다. 그야말로 창의성의 자동화이며 기계를 통한 인간 지능의 증강입니다.

우리나라에서도 변화는 시작되었습니다. 네이버는 이미 검색과 추천을 하는 인공지능 서비스를 선보이며 검색과 추천의 자동화를 선도하고 있습니다. 이 사업을 이끌고 있는 김광현 리더의 말을 들어보면 이들이 궁극적으로 무엇을 하려고 하는지 알 수 있습니다.

"사용자가 검색할 필요가 없도록 하는 것이 검색 엔진의 최종 목적이며, 검색의 미래는 검색을 '덜' 하게 만드는 것이다."

인공지능이 사용자의 성향을 미리 파악해두었다가 그 사용자가 원할 것으로 예상되는 내용을 검색하기 전에 먼저 보여주겠다는 것입니다. 단짝 친구나 애인처럼 손발이 척척 맞는 관계를 인공지능을 통해 형성하겠다는 것입니다. 이런 서비스는 이미 '추천'이라는 형태로 여러 기업을 통해 실행되고 있습니다.

사실 이와 같은 자동화와 개인화는 인공지능이 아니면 할 수 없는 일입니다. 다시 말해 인간이라면 할 수 없다는 뜻입니다. 네이버 검색 사용자는 우리나라만 해도 대략 5천만 명입니다. 넷플릭스 가입자 수는 1억 5천만 명을 돌파했고, 유튜브의 월 사용자 수는 19억 명에 육박합니다. 만일 여러분이 네이버나 유튜브의 마케팅 담당자라면 수억 명의 개별적인 취향을 분석할 수 있을까요? 아마 밥도 안 먹고 며칠 밤을 꼬박 새워도 고작 몇 명의 취향을 파악하기도 쉽지 않을 것입니다.

그런데 인공지능이라면 할 수 있습니다. 유튜브, 넷플릭스,

네이버 등의 스크린 너머에서 우리의 취향을 관리하고 있는 담당자는 인공지능입니다. 세계 최대의 전자상거래 기업인 아마존은 이미 1998년에 '협력적 필터링collaborative filtering'이라는 기법을 통해 수백만 명의 사용자에게 제품을 추천하는 일을 시작했다고 합니다. 판매 기록을 토대로 소비자들이 어떤 물품을 함께 구매했는지를 분석한 다음, 상관성이 높은 제품을 한 자리에 진열하거나 온라인에서 추천목록을 보여주는 방식으로 매출을 극대화시킨 것입니다. 아마존이 불과 20년이라는 짧은 기간에 세계 최대 기업이 될 수 있었던 이유 중 하나가 이처럼 소비자 분석을 자동화했기 때문일지도 모릅니다.

개인화된 추천을 자동화하여 실시간으로 제공하는 기업과 그렇지 않은 기업이 있다고 할 때, 어떤 서비스에서 더 만족감을 얻게 될까요? 아직은 초기 단계여서 회의적인 시각이 있는 것도 사실이지만, 충분한 데이터가 쌓이고 분석기법이 고도화되면 인공지능은 정말로 나를 나보다 더 잘 알게 될 것입니다. 70억 인구 각각은 인류 역사상 가장 똑똑한 개인 비서를 자신이 사용하는 서비스별로 갖게 될 것입니다. 이 정도라면 그 어떤 시대의 왕도 누리지 못한 맞춤형 비서 서비스라고 할 수 있습니다. 조선의 왕이 내시와 내관을 몇 명을 두었든 미래의 인공지능 비서 시스템을 따라오기는 쉽지 않을 것입니다. 지금 우리는 감탄하는 일을 잠시 멈추고 너무나도 똑똑한 비서와 무슨 일을 도모할 수 있을지 생각할 때입니다.

브랜드 관리도 맡길 수 있을까

마케팅 담당자의 주요 업무 중 하나는 브랜드 가치가 훼손되는 것을 방지하는 것입니다. 최근에는 소비자들이 제품에 관한 의견을 소셜 미디어를 통해 활발하게 개진하기 때문에 이에 대한 모니터링만 잘 해도 사전에 문제를 파악할 수 있습니다. 그런데 소셜 미디어에 워낙 방대한 양의 정보가 올라오다 보니 이를 사람이 수집하고 분석하기란 쉬운 일이 아닙니다. 바로 여기서도 인공지능이 능력을 발휘합니다. 최근에 높아진 자연어 처리 능력 덕분입니다.

실제로 삼성전자는 갤럭시 S8을 출시했을 당시 액정에 빨간 줄이 생기는 문제가 있었다고 합니다. 그런데 인공지능을 통해 소비자 분석을 하는 크림슨 헥사곤Crimson Hexagon이라는 기업과의 협업을 통해 소셜 미디어에 올라오는 소비자들의 의견을 비교적 빠른 시간 안에 확인했고, 이를 통해 문제가 커지기 전에 수습할 수 있었습니다.

세계적 맥주 브랜드인 밀러Miller도 2017년에 머신러닝 기법을 사용해 사용자들이 소셜 미디어에 올린 포스팅을 분석하였습니다. 밀러는 인공지능으로 하여금 소비자들이 올린 사진 중에 자사의 브랜드 로고가 있는 사진들만을 찾아내도록 했습니다. 인공지능이 사진 판독을 통해서 이 일을 수행했기 때문에 소비자가 '밀러'라는 텍스트 없이 사진만 올린 경우도 모두 찾아냈습니다.

인공지능에게 이 일을 맡긴 결과 무려 110만 장의 사진을 찾아냈습니다. 여러분이 110만 장의 사진을 일일이 수집한다고 생각하면 이것이 얼마나 놀라운 결과인가를 깨달을 수 있을 것입니다. 그리고 이 사진들을 분석한 결과 575명의 영향력있는 인플루언서를 찾아낼 수 있었습니다. 브랜드 관리 담당자는 인공지능이 알려 준 인플루언서들과의 협업을 통해 좀 더 적극적이고 능동적이고 효과적으로 마케팅 업무를 처리할 수 있었습니다. 인간의 능력만으로는 쉽지 않았던 일을 인공지능과의 협업을 통해 단시간에 더 효율적으로 처리할 수 있게 된 것입니다.

30년 전 아버지 세대와 비교하자면 오늘날 아들 세대의 업무 처리 능력은 크게 향상되었습니다. 그런데 그것은 아들 세대가 아버지 세대보다 똑똑해졌기 때문이 아닙니다. 오늘날의 우리가 자식을 낳아도 마찬가지입니다. 아버지 세대와 우리 세대 그리고 자식 세대의 지능에 유의미한 차이가 있다고 보기는 어렵습니다. 문서 작업을 할 때 아버지는 자와 볼펜을 사용하고, 나는 마이크로소프트 오피스를 사용하고, 내 아들은 인공지능을 사용하는 차이가 있을 뿐입니다. 인류는 기계의 능력이 증강하는 만큼 작업 능력이 증강되는 경험을 하고 있습니다.

THE RESULTS

1.1M
Total Posts Found

3.2%
Posts with No
Relevant Text Scanned

575
Promoters
Found

* Sources: DoubleClick (March 2017) and Meat Universal Touch (Q1 2017)

브랜드 관리에 인공지능을 사용한 밀러의 사례

가격 전략 이보다 좋을 수 없다

마케터라면 상품의 가격을 얼마로 하면 좋을지에 대해서도 고민하게 됩니다. 인공지능이 등장하기 전에도 이미 마케터들은 여러 가지 가격 전략을 구사했습니다. 계절에 따른 할인행사, 관련 상품과의 패키지 판매 등은 일반인에게도 친숙한 가격 전략입니다. 그러나 인공지능이 도입되면서 이전에 비해 월등하게 유연하고 융통성 있는 가격 전략dynamic pricing을 구사할 수 있게 되었습니다.

숙박 공유 서비스 기업인 에어비앤비Airbnb의 가격 전략 시스템은 아주 세밀하고 유연한 것으로 알려져 있습니다. 에어비앤비에 자신의 집을 등록하는 호스트들은 숙박비를 얼마로 하면 좋을지 고민하게 됩니다. 그러나 대부분의 호스트가 부동산 전문가는 아니기 때문에 이런 문제를 해결하는 데 취약할 수밖에 없습니다.

에어비엔비는 이런 문제를 해결하고자 인공지능을 도입했습니다. 인공지능이 위치, 집 상태, 주변 볼거리, 소비자 리뷰, 사진, 예약일 당시의 수요 등을 종합적으로 분석해서 적당한 가격을 자동으로 제시하도록 한 것입니다. 인공지능은 상담 건수 면에서 거의 제약을 받지 않고 모든 정보들을 실시간으로 업데이트하여 최적의 정보를 제공한다는 강점을 갖습니다. 이를 통해서 마케팅에 대한 전문지식이 없는 호스트일지라도 마치 숙련된 마케팅 인력과 함께 일하는 것 같은 효과를 냅니다. 최적화된, 융통성 있는 가격 전략은 항공이나 호텔처럼 제공할 수 있는 상품이나 서비스의 양이 제한되어 있는 산업에서 특히 큰 호응을 얻고 있으며 그 밖의 산업군으로도 빠르게 확산되고 있습니다.

마이크로소프트는 이런 변화를 수용하려는 마케터들을 타겟으로 가격분석 솔루션Azure Cortana Interactive Pricing Analytics Pre-Configured Solution을 선보였습니다. 이 솔루션은 데이터 분석에 익숙지 않은 담당자가 쉽게 사용할 수 있도록 미리 구성해놓은 솔루션입니다. 구매 시점과 상관없이 매순간 최적의 가격을 제시받을 수 있다면 소비자 입장에서는 만족감이 클 수밖에 없습니다. 과거의 경직된 가격 전략을 고수하는 기업과 마케터는 다른 기업과의 경쟁에서 불리한 입장에 놓일 가능성이 높습니다. 이에 대해 한 연구자는 『MIT 테크놀러지 리뷰 인사이트』를 통해 앞으로 인공지능을 활용하지 않는 마케터는 살아남기가 쉽지 않을 것이라고 전망했습니다.

"기계학습을 활용하지 않는 마케터는 사라지게 될 것이다."

훌륭한 마케터가 되기 위해서 갖추어야 할 능력 중 하나는 바로 날카로운 예측력입니다. 가격을 얼마로 하면 좋을지, 고객의 충성도가 얼마나 높을지, 고객이 다른 브랜드로 갈아탈 가능성이 얼마나 높을지, 고객이 재구매를 할 가능성은 언제일지, 고객이 어느 가격대의 상품을 가장 선호할지 등을 끊임없이 예측해야 합니다. 그런데 인공지능이 가장 잘하는 것 중 하나가 예측이라는 점에서 인공지능이 마케팅에서 보여줄 잠재력은 무궁무진할 것으로 기대됩니다.

고객의 요구사항을 이해하는 인공지능

요즘엔 국내외 기업이 저마다의 인공지능 스피커나 챗봇을 출시하고 있습니다. 이 기기들의 주 목적은 음성언어 또는 문자언어를 학습시켜서 인간과 기계가 서로 대화를 이어나갈 수 있게 하는 것입니다. 그런데 아직은 생각만큼 우리 삶에 큰 영향을 미치지 못한 것으로 보입니다. 우리의 일상 대화라는 것이 광범위한 영역에 걸쳐 있기 때문에 인공지능이 똑똑해졌다고 할지라도 아직 버거운 부분이 분명히 있습니다.

그러나 대화의 내용이 특정 주제에 한정된다면 인공지능이 실력 발휘를 할 여지가 충분합니다. 대화의 주제가 특정되면 사용하는 단어나 문장이 한정되기 때문입니다. 예를 들어 대화의 주제가 '애프터 서비스'로 한정된다고 해 보겠습니다. 소비자가 고객 센터에 전화해서 사용하는 표현은 '고장났다', '고치고 싶다', '기사 방문 서비스를 받고 싶다' 등으로 제한될 가능성이 높습니다.

LG전자 서비스센터의 고객 응대는 이미 인공지능이 담당하고 있습니다. 궁금하면 일단 서비스센터에 전화해서 인공지능과 대화를 해 보시길 바랍니다. 버튼식 ARS와 비교하면 훨씬 자연스럽고 매끄러운 상담을 이어나갈 수 있습니다.

LG전자 서비스센터의 인공지능은 정확한 고객 의사를 파악하기 위해 주로 '예' 또는 '아니오'로 답할 수 있는 질문을 합니다. 소비자는 버튼을 누르는 대신 음성으로 '예' 또는 '아니오'로 소리내어 말하면 됩니다. 그러나 이게 다는 아닙니다. 제품의 고장 증상을 물어보기도 하는데 이런 질문에는 "에어컨의 찬 바람이 나오지 않습니다" 같이 답을 하면 됩니다. 또 기사의 방문 희망일시를 묻기도 하는데 "6월 19일 오전 10시"라고 음성으로 대답하면 기계가 찰떡같이 알아듣고 예약을 잡아줍니다.

최근의 인공지능은 언어에 대한 의미 학습뿐만 아니라 사람의 목소리를 흉내내는 데도 탁월한 성능을 보이고 있어서 인공지능의 목소리와 억양이 인간과 구분이 안 될 정도로 향상되고 있습니다. 앞으로 5~10년 후에는 짧은 대화만으로는 대화 상대가 기계라는 것을 알아차리지 못하게 될 것입니다.

인간의 청각이 가진 놀라운 점 중 하나는 여러 사람이 동시에 말을 해도 자신이 집중해서 들어야 할 사람의 목소리를 가려낸다는 것입니다. 그러나 기계에게는 이것이 어려운 일일 수도 있습니다. 만일 소비자가 시끄러운 공간에서 전화를 한다면 기계가 말을 알아듣지 못할 가능성이 높습니다. 그러나 기계는 어느새 여러 사람의 음성이 동시에 발생하는 경우에도 화자를 구분하는 능력까지 갖추어가고 있습니다.

음성이 아닌 문자를 통한 상담에서도 인공지능의 도입은 계속해서 증가하고 있습니다. KLM항공은 매주 약 1만 5천 건의 상담을 챗봇을 통해 처리합니다. 페이스북은 2016년에 챗봇을 개발할 수 있는 API^Application Programming Interface를 공개했는데, 불과 2년여 만에 약 10만 개의 챗봇 서비스가 개발된 것으로 알려졌습니다.

챗봇은 전자상거래, 보험 가입, 금융 서비스, 쇼핑, 예약 및 일정 알림 등 생활 전반에서 활약 중이며 소비자 개인의 취향과 습관을 파악하여 끊임없이 소비자에 대해 학습한다는 점에서 앞으로 더욱 똑똑해질 것으로 전망됩니다. 특히 구글, 마이크로소프트, 알리바바, 네이버, 카카오 같이 수억에서 수십억 명에 이르는 소비자를 확보한 거대 기술기업이 개발과 보급에 앞장서고 있다는 점에서 확산 속도 역시 빠를 것으로 전망됩니다.

아직은 인공지능이 인간의 언어를 이해하는 데 있어 부족한 점이 있는 것도 사실이지만, 인공지능을 통한 고객 응대의 자동화가 시작된 것도 사실입니다. 그간 보이지 않는 곳에서 문제를 해결했던 콜센터 직원들이 일자리를 위협받을 수 있다는 부정적 측면도 있지만, 전화기 너머로 들려오는 온갖 욕설과 희롱으로부터 감정노동자를 보호할 수 있다는 긍정적 측면도 존재합니다.

소비자의 감정을 이해하는 인공지능

소비자가 언제나 합리적인 것은 아닙니다. 인간은 진화 과정에서 이성의 뇌가 발달하기 전에 감정의 뇌가 먼저 발달했다고 합니다. 그리고 그 감정의 뇌는 여전히 작동하고 있습니다. 그래서인지 인간의 선택은 감정 상태에 따라 크게 좌우되기도 합니다. 그리고 그 감정은 소비자의 표정, 눈빛, 음성, 몸짓 등을 통해 드러납니다.

인간이라면 누구나 표정이나 목소리를 통해 상대방의 감정을 파악할 수 있습니다. 학교에서 따로 배운 적이 없는데도 상대가 나에게 화가 났는지, 나를 무시하는지, 나에게 고마워하는지 등을 귀신같이 파악합니다. 그런데 인간이 상대의 감정을 파악할 때 사용하는 장치 역시 주로 시각과 청각입니다. 따라서 인간이 감정 파악에 사용하는 시각정보와 청각정보를 기계가 배울 수 있다면, 기계도 인간의 감정을 파악할 수 있을 것이라는 생각을 할 수 있습니다.

어펙티바Affetiva라는 스타트업은 8백만 명이 넘는 사람의 얼굴을 분석했습니다. 아마 우리들 중 그 누구도 8백만 명의 얼굴을 기억하는 사람은 없을 것입니다. '던바의 수Dunbar's Number'로도 잘 알려진 것처럼 사람은 일반적으로 자기와 관계를 맺는 150명 정도를 기억한다고 합니다. 그러니 8백만 명을 봤다고 해도 실제로 그 모든 사람의 얼굴을 기억하고 분석할 수 있는 것은 기계가 아니면 불가능합니다.

이렇듯 대량의 데이터를 통해 얼굴 표정과 목소리를 학습한 인공지능은 감정을 읽어내는 일에 있어서 인간보다 정확해지고 있습니다. 기계가 사람의 감정을 읽을 수 있다면 사람 직원이 없더라도 소비자의 감정에 따라 적절한 서비스를 제공할 수 있게 됩니다.

자율주행차의 예를 들어 볼까요. 자율주행차는 자동차 스스로 운전하기 때문에 사람 운전자 없이 승객만 탑승합니다. 자율주행차는 승객의 표정이나 음성을 통해 감정상태를 파악해서 다양한 서비스를 제공할 수 있습니다. 승객의 감정상태에 따라 적절한 음악이나 영상을 보여줄 수도 있고 적당한 맛집이나 여행지를 추천할 수도 있습니다.

인공지능 개발업체 이모션트Emotient는 구글 글라스 앱을 개발했는데, 사람의 표정에서 기쁨, 슬픔, 놀람, 분노, 공포, 혐오, 경멸 등 7가지 감정을 읽을 수 있습니다. 이 7가지 감정은 지역이나 문화권과 상관없이 발견되는 인간의 기본 감정이기 때문에 누구라도 구글 글라스만 쓰면 상대의 마음을 좀 더 수월하게 읽을 수 있습니다. 만일 인간 모두가 이런 안경을 쓰고 일상 생활을 한다면 서로의 마음을 훨씬 잘 읽게 되어 분쟁이 줄어들지도 모를 일입니다.

마이크로소프트는 감정을 읽을 수 있는 프로젝트 옥스퍼드Project Oxford라는 소프트웨어를 개발하고 소스코드를 공개했습니다. 앞으로 인간의 감정을 인지하는 기계들은 점점 더 늘어날 것입니다. 게다가 이 기계들은 새로운 데이터를 통해 끊임없이 학습하기 때문에 그 정확도와 범용성 면에서 발전을 거듭할 것입니다.

기계의 감정 분석이 표정이나 음성을 통해서만 이루어지는 것은 아닙니다. 기계는 사람이 쓴 글을 통해서도 감정을 분석할 수 있습니다. 요즘은 많은 사람들이 소셜 미디어에 글을 남기기 때문에 기계가 글을 통해 사람의 감정을 학습하기에 더 없이 좋은 시대입니다. 마케터는 자신의 상품과 소비자의 감정이 동시에 언급된 글을 통해서 브랜드 이미지를 관리해 나갈 수 있습니다.

기계라서 인간의 감정을 알 수 없을 것이라는 생각은 이미

옛날 일이 되어버렸습니다. 이제는 그것을 의심하기보다 어떻게 하면 이 기술을 좀 더 유익하게 사용할 수 있을지를 고민할 때입니다.

참고문헌

- BLOTER. (2016. 07. 01). "머신러닝이 만족도 80% 넷플릭스 추천 시스템 만든다".

- IT World. (2017. 10. 24). 삼성이 고객 분석과 마케팅 전략에 SNS 분석을 활용하는 법.

- Microsoft. (2015. 05. 01). Microsoft's Project Oxford helps developers build more intelligent apps.

- Miller. MILLER: LIGHT BEER, HEAVY INSIGHTS.

- MIT Technology Review Insights. Breaking the marketing mold with machine learning.

- The Washington Post. (2019. 08. 01). 'Emotion detection' AI is a $20 billion industry.

- 매일경제. (2019. 06. 13). 손정의 "AI가 일자리파괴? 창의적 직업 더 늘어".

- 연합뉴스. (2017. 04. 07). 네이버 "AI 검색 주력은 이미지·자연어·자동추천".

- 이데일리. (2019. 07. 17). LG전자, 에어컨 서비스 상담에 `AI 음성봇` 도입.

- 이코노미 조선. (2018. 12. 10). 유튜브는 어떻게 세계인을 사로잡았나: 800억개 댓글 분석하고 심리까지 파악해 맞춤 추천.

- 조선비즈. (2017. 04. 08). 네이버 AI 추천 시스템 '에어스'의 작동 원리는? "협력 필터".

인공근육에서 인공지능으로

만일 오늘날 우리가 만들어 낸 기계를 '인공지능'이라고 부른다면 우리가 과거에 만들어 낸 기계는 '인공근육'이라고 불러야 마땅합니다. 돌도끼, 화살, 마차, 물레방아, 증기기관, 전기, 원자력 모두 인간의 근력을 증강시켰다는 점에서 인공근육입니다.

1, 2차 산업혁명과 3, 4차 산업혁명은 물리적인 힘의 발견과 지능에 관한 문제해결이라는 측면에서 서로 구분하여 이해하려는 관점도 있습니다만, 1~4차 혁명 모두 인간이 가진 한계를 기계를 통해 뛰어넘고자 한다는 점에서 같습니다. 인공근육의 시대에서 인공지능의 시대로, 그 이름이 아주 조금 바뀌었을 뿐입니다. 기계라는 인공물을 통해 인간의 근력을 증강시킨 것처럼, 오늘날 우리는 기계라는 인공물을 통해 인간의 지능을 증강시키고자 합니다.

전략
신의 한 수를 찾게 하라

바둑, 축구, 테트리스의 공통점은 무엇일까요? 이 셋은 모두 게임입니다. 사실 의식하지 못할 뿐, 세상사의 많은 것이 게임입니다. 경영이나 정치, 법률 공방도 일종의 게임이며, 전쟁 역시도 게임입니다. 연인들 사이의 밀당도, 기업들 간의 경쟁도 게임의 관점에서 이해할 수 있습니다. 경제학에서는 경쟁에서 이기기 위한 최적 전략을 수립하기 위해 게임 이론 Game Theory이라는 수학적 모델을 개발하기도 했습니다. 이처럼 인간은 가상과 현실을 막론하고 게임을 반복하고 있으며, 게임에서 이길 수 있는 창의적 전략을 수립하느라 어제도 오늘도 머리를 쥐어짜내고 있습니다.

제갈량, 임요환, 이세돌은 탁월한 전략가였다는 공통점을 가지고 있습니다. 사람들은 이들의 창의적 전략에 감탄사를 쏟아냈지만 어느새 전략을 수립하는 일에 있어서도 인공지능이 그 존재감을 드러내고 있습니다. 알파고는 그 시작을 알렸던 신호탄에 불과합니다. 알파고를 개발했던 딥마인드^{DeepMind} 개발진은 2019년 인공지능을 학습시켜 스타크래프트 2에서 인간 프로게이머를 이겼으며, 테슬라의 창업주 일론 머스크가 투자한 인공지능 기업 오픈에이아이^{OpenAI} 역시 2019년에 AOS 게임 DOTA 2에서 인간 세계 챔피언을 꺾었습니다.

DOTA 2에 도전한 오픈에이아이

마이크로소프트의 창업주 빌 게이츠는 2018년 인공지능이 개발진을 상대로 한 연습 게임에서 이겼다는 소식을 듣고 자신의 트위터에 다음과 같은 글을 남겼습니다.

"DOTA 2에서 이기기 위해서는 팀워크와 협력이 필요한데, 인공지능이 인간을 이겼다는 것은 그야말로 엄청난 일이며, 앞으로 인공지능의 발전에 이정표가 될 것이다."

멀티플레이 게임인 DOTA 2에서 상대방을 이기기 위해서는 장기적 관점에서의 전략 수립이 요구되기 때문에 인공지

Bill Gates ✔
@BillGates

#AI bots just beat humans at the video game Dota 2. That's a big deal, because their victory required teamwork and collaboration – a huge milestone in advancing artificial intelligence. b-gat.es/2KqAlzU

♡ 14.5K   8:25 AM - Jun 27, 2018   ⓘ

💬 6,206 people are talking about this   ❯

인공지능의 DOTA 2 경기를 본 후 빌 게이츠가 남긴 트윗

능이 이 문제를 해결하기는 쉽지 않을 것이라 생각됐습니다. 그러나 오픈에이아이는 2017년에 1대 1로 대전할 수 있는 초기 버전의 인공지능을 선보인 지 2년 만에 2명이 팀을 이룬 세계 챔피언 팀 OG를 2경기 연속 꺾는 대기록을 세웠습니다.

그렇다면 과연 인공지능은 어떻게 해서 인간 챔피언을 꺾을 수 있었을까요? 잠깐 여담을 해 보겠습니다. 같은 게임이라도 인간과 인공지능이 게임을 인식하는 방식은 다릅니다. 다음 페이지의 그림은 인간이 보는 화면과 인공지능이 보는 화면을 표현한 것입니다. 인간은 게임 화면을 이미지로 인식합니다. 게임뿐만 아니라 인간은 현실 세계도 이미지로 인식합니다. 그러나 기계는 이미지를 숫자로 인식합니다. 이것은 우리에게 아주 커다란 시사점을 주는데, 어쩌면 인간이 숫자를 이미지로 인식했을 수도 있다는 것입니다. 세계는 원래 수數로 구

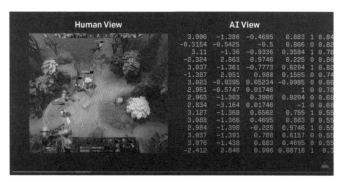

인간은 이미지를 보지만 인공지능은 이미지 정보를 담고 있는 숫자를 본다

성되어 있지만, 인간의 감각 기관과 정보처리 기관이 숫자로 읽기보다 이미지로 읽었을 때 더 효율적이기 때문에 숫자를 이미지로 바꿔 인식하고 세계가 우리가 보는 이미지처럼 생겼다고 착각하게 된 것일지도 모릅니다.

다시 본론으로 돌아와서, 기계는 게임이 진행되는 모든 이미지가 일으키는 사건을 숫자의 상관관계로 파악하고 학습합니다. 이루 말할 수도 없이 많은 숫자를 학습한 기계는 상황마다의 승리 확률을 계산하여 예측할 수 있습니다. 알파고가 바둑에서 수를 둘 때마다 승리 확률을 다시 계산하는 것과 비슷합니다.

DOTA 2에서 인간 챔피언 팀과 경기를 펼쳤던 인공지능은 경기를 진행하면서 자신의 승리 확률을 95%에서 99%까지 예측했고 첫 경기를 승리로 장식했습니다. 두 번째 게임에서는 초반부터 인공지능이 좀 더 공격적으로 나왔고 경기가 시작된 지 5분만에 승리 확률을 80%로 점쳤습니다. 물론 게임이라는 것이 한 쪽의 의도대로만 되는 것은 아니고 상대의 실수도 작용한다는 점에서, 이 경기를 인공지능이 잘했다고 평가할 것인지 인간 챔피언이 실수를 했다고 볼 것인지에 대해서는 더 논의해 볼 여지가 있습니다. 어쨌든 인공지능이 몰아붙이면서 두 번째 경기도 21분 만에 종료되었습니다.

이 경기의 중계진과 현장 관객들은 인공지능의 플레이를 보면서 흥분을 감추지 못하고 함성과 탄성을 연발했습니다. 이 인공지능은 지금까지 인간 도전자들과 1만 5천 경기를 가졌는데 승률이 무려 99.4%에 달합니다. 인공지능을 상대로 플레이했던 게이머 중 한 명은 인터뷰를 통해 언젠가는 인공지능이 절대로 지지 않는 불사신unbeatable같은 존재가 될 것이라고 예측했습니다. 또한 인공지능의 플레이가 그 어떤 인간도 보여주지 못한 예측 능력을 보여주었다고 칭찬했습니다.

이처럼 인공지능이 믿을 수 없을 정도의 놀라운 예측력을 갖게 된 데는 역시나 상상을 초월하는 학습량이 숨어 있습니다. 주경야독이라는 말이 있기도 합니다만, 이 정도의 표현으로 인공지능의 학습량을 설명하는 것은 역부족입니다. 인공지능의 학습 속도와 학습량은 인간이 상상할 수 있는 수준을 한참 초월합니다.

DOTA 2에서 승리한 인공지능은 인간이 180년 간 연습해야 할 분량을 단 하루만에 학습했고, 이 정도 분량의 학습량으로 매일매일 자기 자신을 상대로 연습경기를 펼쳤습니다. 수많은 선수들이 '연습만이 살 길'이라고 외치는 것을 보면, 인공지능보다 살 길을 더 잘 찾을 수 있는 선수는 거의 없다고 봐야 할 것입니다. DOTA 2 대결에서는 인공지능과 인간이 5:5로 경기를 펼쳤기 때문에, 다섯 대의 인공지능의 연습량을 합치면 매일마다 인간이 900년 간 연습해야 할 분량을 해치웠다고 볼 수 있습니다. 이것은 그야말로 양이 질을 만들어낼 수 있다는 것을 보여주는 아주 좋은 사례입니다. 엄청난 양의 자가학습을 통해 인간 챔피언을 이길 수 있는 창의적 전략을 스스로 찾아냈기 때문입니다.

게다가 이번에 사용된 인공지능은 인간이 플레이하는 방식을 배우지 않고 스스로의 강화학습을 통해 인간을 이겼다는 점에서도 우리를 놀라게 했습니다. 인공지능은 LSTM^{Long-Short Term Memory}이라는 알고리즘을 통해 게임을 학습했는데, 충분한 연습량을 확보할 수만 있다면 인공지능 스스로 장기 계획을 수립할 수 있다는 것도 보여주었습니다.

오픈에이아이의 개발진은 단순히 DOTA 2를 위한 인공지능을 개발하는 것이 아닙니다. 이들은 강인공지능^{Strong AI}, 즉 다양한 문제에 범용으로 적용할 수 있는 인공지능을 개발하기 위해 DOTA 2를 거치고 있다고 발표했습니다. 이들은 DOTA 2에서 검증한 알고리즘을 조금씩 변형하여 현실의 여러 가지

문제에 적용하는 것을 목표로 합니다.

스타크래프트 2에 도전한 구글 딥마인드

2019년 10월은 인공지능이 게임에 도전한 역사에서 또 하나의 이정표로 기록될 것입니다. 바둑 이상으로 풀기 어려울 것으로 생각됐던 스타크래프트 2에서 인공지능이 프로 선수를 상대로 승리했기 때문입니다. 바둑에서는 상대가 어떤 수를 두는지 볼 수 있는 반면에 스타크래프트에서는 상대가 무엇을 하고 있는지 알 수 없습니다. 스타크래프트 2는 이렇듯 불완전 정보imperfect information 게임이며, 매 상황마다 인공지능이 선택해야 하는 경우의 수가 무려 10^{26}개에 달하는 매우 복잡한 게임입니다. 이렇게 복잡한 게임을, 그것도 실시간으로 전략을 짜면서 플레이할 수 있는 인공지능을 개발한다는 것은 말도 안 되는 것처럼 생각되지만, 구글의 딥마인드 연구진은 또 한 번의 성공을 이끌어 냈습니다. 이 프로젝트의 이름은 알파고를 닮은 알파스타AlphaStar입니다.

그동안 게임에 도전한 인공지능은 여러 면에서 비판받아 왔습니다. 예를 들어 인간 게이머는 시야가 제한되는 반면에 인공지능은 시야의 제한 없이 전체 지도를 볼 수 있었습니다. 그러나 이번에는 인공지능도 인간과 같은 조건을 부여했습니다. 또한 인간 게이머의 초당 마우스 클릭 수에 비해 인공지

불완전 정보 게임의 대명사 스타크래프트 2

능의 클릭 수가 훨씬 많았는데, 이번에는 프로 선수들의 평균 수준으로 인공지능의 클릭 수를 제한했습니다. 이렇듯 알파 스타에서는 불공정하게 보일 수 있는 여러 조건을 프로게이 머들이 동의할 수 있는 수준으로 조율하여 인간 게이머와 거의 동일한 환경에서 경기를 치렀습니다.

알파스타에 사용된 인공지능이 다른 인공지능에 비해 특별했던 것은 아닙니다. 인공신경망, 강화학습, 모방학습imitation learning과 같이 다른 인공지능에서도 이미 많이 사용되는 일반적 기계학습general-purpose machine learning 기술이 사용됐고, 이를 통해 게임 데이터로부터 기계 스스로 배우도록 하였습니다. 학습을 마친 알파스타는 익명으로 게이머들이 활동하는 배틀넷에 참가했는데, 놀랍게도 테란, 프로토스, 저그 세 종족 모두에서 배틀넷 상위 0.2% 안에 드는 그랜드마스터급 성적을 올렸습니다.

알파스타가 보여준 성과가 놀랍기도 합니다만, 더욱 놀라운 것은 알파스타를 개발한 연구진의 창의성입니다. 인공지능 관련 연구를 살피다 보면 뛰어난 능력을 보여주는 기계에 한 번 놀라고, 그런 기계를 만들어 낸 인간의 능력에 한 번 놀라게 되는데 이번에도 역시 마찬가지입니다. 새로운 돌파구를 찾아 알파스타의 능력을 향상시킨 방법은 다음과 같습니다.

알파스타는 알파스타끼리의 강화학습을 통해 스스로 배워 나갔고, 훈련에 사용된 두 대의 알파스타 모두 상대방을 이기는 것을 목표로 했습니다. 그런데 이렇게 이기는 것을 목표를 하는 인공지능끼리 연습경기를 하는 것만으로는 배움의 결과가 향상되는 데 한계가 있었습니다. 이때 연구진은 둘 중 한 대에게 스파링 파트너 역할을 부여함으로써 알파스타의 능력을 끌어올렸습니다.

연구진은 하나의 인공지능에게는 주인공 역할을, 다른 하나에게는 도우미의 역할을 맡겼습니다. 마치 인간 선수가 성장하기 위해서 여러 가지 스타일을 가진 스파링 상대를 만나 훈련하는 것과도 비슷한 이치입니다. 나의 약점을 잘 공략하는 스파링 상대와 훈련함으로써 약점을 보완하는 전략입니다. 이때 스파링을 해 주는 선수의 목적은 자신의 승리가 아니라 상대방 선수가 더 강한 선수로 성장하는 것을 돕는 것입니다. 이처럼 도우미 인공지능 역시도 자신의 승리보다 주인공 인공지능이 더 강해질 수 있도록 도왔습니다. 알파스타는 완전히 자동화된 방식으로 이 모든 학습과정을 소화했고 결과적으로 기존의 자신을 뛰어넘는 더 강한 알파스타가 될 수 있었습니다.

인공지능이 인간에게 승리를 거둔 것도 중요하지만, 사실은 딥마인드 연구진이 왜 이런 일을 시도하는지를 이해하는 것이 더욱 중요합니다. 딥마인드 연구진에게 스타크래프트는 하나의 과정일 뿐 그것이 최종 목적지가 아닙니다. 딥마인드 연구진이 진짜 해결하고자 하는 것은 답이 정해져 있지 않은 '열린 문제open-ended'를 풀 수 있는 인공지능을 개발하는 것입니다. 스타크래프트를 통해 '열린 문제'에서 인공지능의 가능성을 확인한 딥마인드 연구진은 더 복잡하고 현실적인 문제를 해결할 수 있는 인공지능을 개발하는 일도 가능할 것으로 기대하고 있습니다.

게이머들이 말하는 인공지능의 창의성

인공지능을 상대했던 세계 챔피언들은 기계의 창의적 전략에 놀라움을 표합니다. 이세돌 역시 2017년 넷플릭스에서 공개된 다큐멘터리 〈알파고〉에 출연하여 알파고가 '창의적'이었다고 말합니다.

"알파고는 그저 확률적 계산을 하는 기계라고 생각했는데, 그 수를 보는 순간, 아니구나, 충분히 알파고도 창의적이다. 정말 아름답고, 바둑의 아름다움을 잘 표현한 수고, 굉장히 창의적인 수였다."

심지어는 알파고의 수를 통해 바둑에 대해 새로운 관점에서 다시 한번 생각하게 됐다고 이세돌은 덧붙입니다. 이세돌 스스로 바둑에 있어서 창의성이라는 것은 도대체 무엇인가? 라는 질문을 던지며, 인공지능의 전략은 경직된 바둑계에 상당한 변화를 줄 수 있을 것이라고 답했습니다.

그런가 하면 딥마인드의 알파스타와 경기를 치렀던 프로선수 다리오 뷘시Dario Wünsch는 인공지능이야말로 스타크래프트 그 자체 같았다고 찬사를 보냈습니다.

"알파스타의 경기 운영은 믿을 수 없을 정도로 인상적이다. 인공지능은 자신이 처한 전략적 상황에 대한 판단을 내리는 데 매우 능숙했고, 적과 언제 교전하면 좋을지 언제 후퇴하면 좋을지를 정확하게 알고 있었다. 또한 알파스타는 뛰어나고 정확한 컨트롤 능력을 가지고 있는데 초인간적으로까지 느껴지진 않았다. 분명 인간이 도달할 수 없는 레벨까진 아니었다. 그래서 매우 공정하면서도 '진짜real' 스타크래프트 경기를 하는 느낌이었다."

알파스타와 경기를 치렀던 또 한 명의 프로 선수 디에고 쉬머Diego Schwimer는 알파스타가 그동안 인간 게이머들이 상상하지도 못했던 창의적 전략을 선보인 것에 감탄하면서 이렇게 이야기했습니다.

"알파스타는 매력적이면서도 이단아적인unorthodox 플레이어다. 반응속도 면에서는 프로 선수와 비슷하지만, 전략이나 스타일 면에서는 완전히 인공지능만의 것을 갖고 있다. 알파스타는 인공지능끼리의 대전을 통해서 훈련되었는데, 그 결과 인간으로서는 상상하기도 쉽지 않을 만큼 보편적이지 않은 경기 운영을 한다. 이런 결과를 보고 있으면, 스타크래프트라는 게임이 만들어 낼 수 있는 다양한 전략 중에 그동안 프로게이머들이 찾아낸 것이 얼마나 되는지 묻게 된다."

인간 게이머들이 찾아낸 전략도 물론 훌륭했지만 그것은 스타크래프트라는 게임이 갖고 있는 가능성의 일부였을 뿐, 전체가 아니라는 이야기입니다. 이세돌 선수가 알파고의 수를 보고 창의적이라고 놀랐듯이 스타크래프트의 프로 선수들도 알파스타의 창의적 전략에 놀랐습니다. 또한 이세돌 선수가 인공지능을 통해 그동안 인간이 찾지 못했던 더 창의적인 바둑 전략을 찾을 수 있을 것이라고 이야기한 것처럼, 스타크래프트의 프로 선수들도 인공지능을 통해 그동안 인간이 찾지 못했던 더 창의적인 게임 전략을 찾을 수 있을 것이라고 이야기했습니다.

앞으로의 시대에서 창의적인 전략을 찾을 때 인간의 머리만 활용하는 쪽과 인공지능과 협업하는 쪽 중 누구의 승률이 높을지 궁금해집니다. 예를 들어 전쟁을 할 때, 하나의 국가는 제갈량, 조조, 나폴레옹과 같은 인간 전략가하고만 작전을 짜는 반면, 상대 국가는 인공지능을 통해 전쟁 상황을 시뮬레이션한 다음 인간 전략가들이 최종 결정을 내린다고 할 때, 과연 어느 국가의 승리 확률이 높을지 궁금해집니다. 여러분은 어느 쪽을 선택하시겠습니까?

참고문헌

■ Deepmind. (2019. 01. 24). AlphaStar: Mastering the Real-Time Strategy Game StarCraft II.

■ Deepmind. (2019. 10. 30). AlphaStar: Grandmaster level in StarCraft II using multi-agent reinforcement learning.

■ Netflix. (2017). 알파고.

■ OpenAI. (2018. 06.25). Our team of five neural networks, OpenAI Five, has started to defeat amateur human teams at Dota 2. https://openai.com/blog/openai-five/

■ OpenAI. OpenAI Five. https://openai.com/projects/five/

인간도 기계도 하나를 배우면 열을 안다

창의성의 정의를 너무나도 잘 표현한 속담이 있습니다. 바로 '하나를 배우면 열을 안다'입니다. 이 속담은 하나를 통해 원리를 파악한 다음에 그 원리를 적절하게 응용하여 새로운 열 개의 문제를 푼다는 뜻을 담고 있습니다. 인간은 이 능력을 가진 덕분에 오늘날의 문명을 이룩했습니다.

그런데 놀랍게도 기계도 인간처럼 하나를 배우면 열을 아는 시대가 되어가고 있습니다. 우리 시대의 인공지능은 마치 인간처럼 이전에는 본 적 없는 새로운 상황에 대처하는 능력을 갖고 있습니다. 매 순간마다 상황에 맞게 빠르고 적절하게 '계산'해서 그럴듯한 답을 출력합니다. 인간과 기계가 문제를 창의적으로 해결하는 방식에서 얼마나 비슷해졌는지 예를 들어 살펴보겠습니다.

인간: 이제 갓 태어나서 말을 배우는 아기가 있습니다. 이 아기는 주변 사람들의 말 소리를 들으면서 단어를 하나씩 하나씩 모방합니다. 그런데 어느 순간 놀라운 일이 벌어집니다. 서너 살 무렵을 지나면서부터 이 아이는 아무도 가르쳐 준 적이 없는 문장을 자유자재로 구사하기 시작합니다. 일단 언어가 구성되는 '원리'를 알고나면 그 원리를 사용해서 새로운 단어나 문장을 무한대로 만들어 냅니다. 그야말로 하나를 가르쳐줬더니 열을 알아낸 셈입니다.

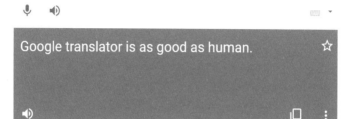

구글 번역기도 인간만큼 번역을 잘한다.   ✕

gugeul beon-yeoggido inganmankeum beon-yeog-eul jalhanda.

🎤 🔊

Google translator is as good as human. ☆

🔊   🗏 ⋮

구글 번역기가 영어로 번역한 한국어 문장

기계: 이와 비슷한 일을 하는 기계가 있습니다. 바로 번역기입니다. 구글 번역기나 네이버 파파고가 모든 문장에 대한 번역문을 데이터베이스에 미리 저장해두고 있는 것은 아닙니다. 이 번역기들은 여러분이 어떤 말을 할지 사전에 알고 있지 못합니다. 대신 기계 스스로 학습한 언어의 원리를 토대로 매번 새롭게 입력되는 문장에 가장 적절한 번역문을 스스로 계산해서 우리에게 보여줍니다. 위 그림을 보시길 바랍니다. 구글의 데이터베이스에는 "구글 번역기도 인간만큼 번역을 잘한다."는 문장은 저장되어 있지 않습니다. 그런데 한글과 영어의 언어 원리를 '나름대로' 이해하고 있는 인공지능이 자신의 알고리즘에 따라 적절한 영어 문장을 계산해냈고 그것이 참 그럴듯한 영어 문장으로 출력되었습니다.

인간: 운전면허 시험장에서는 평행주차 같은 아주 기초적인 주차 방법에 대해 배웁니다. 그러나 현실 속 주차 환경은 면허 시험장과는 천지

차이입니다. 게다가 똑같은 상황이라는 것은 있을 수가 없습니다. 그럼에도 불구하고 사람들은 경사가 급한 곳, 비좁은 곳 등 매번 새로운 환경에서 주차 문제를 푸는 데 성공합니다. 이번에도 하나를 가르쳐줬더니 열을 풀었습니다.

기계: 이 상황과 똑같은 문제를 풀도록 고안된 기계가 바로 자율주행차입니다. 주차하는 원리를 학습하고 나서 실제 도로에 나선 자율주행차는 이전에는 한 번도 본 적 없는 새로운 주차 환경을 매 순간 맞닥뜨립니다. 하나를 배운 차에게 열 가지 새로운 문제를 풀라고 한 것이나 다름없습니다. 만일, 자율주행차가 매번 새로운 환경을 적절하게 계산해서 주차에 성공한다면 창의적이라고 해야하지 않을까요?

인간: 의사의 중요한 진료행위 중 하나는 환자들의 암 여부를 판단하는 것입니다. 의대 학생들은 수업을 통해 암에 걸린 환자의 샘플 사진을 공부합니다. 사진에서 어떤 패턴이나 특징이 발견될 경우 암일 확률이 높다고 배웁니다. 그런데 의사가 되어 병원에 진료를 나가보니, 환자들의 실제 모습은 교실에서 배웠던 샘플 사진과 비슷하긴 하지만 난생 처음 보는 사진입니다. 그럼에도 불구하고 의사들은 수업을 통해 배운 암의 특징과 패턴에 따라 암 여부를 판독할 수 있습니다. 이번에도 하나를 가르쳐줬더니 열을 풀었습니다. 역시나 창의적입니다.

기계: IBM의 왓슨을 포함해서 영상을 판독해서 암을 진단하는 인공지능이 하는 일이 바로 이것입니다. 영상을 통해서 암의 특징을 학습하는 과정도, 학습한 원리를 통해 난생 처음 보는 환자의 새로운 사진을 판독해서 암 여부를 진단하는 것도 인간 의사와 비슷합니다. 만일 인

공지능의 진단 성공률이 인간 의사들의 평균 정도는 된다고 하면, 이 때의 인공지능도 창의적이라고 할 수 있지 않을까요?

이런 일은 우리 주변에 널려있습니다. 앞에서도 말했다시피, 창의성은 특별하지만 특별한 능력이 아닙니다. 이 능력은 마치 우리의 본능과도 같이 일상 곳곳에서 작동하고 있습니다. 학자들은 이를 두고 추상적 사고력이라고도 합니다. 예술과 과학에서 모두 요구되는 인간 사고의 핵심 능력입니다. 만일 이 능력이 없었다면 인류는 공통 원리를 깨닫지 못하고 매번 각각의 개별 상황을 배우기만 하다가 끝났을 것입니다.

하나를 배워 열을 이해하는 것을 창의성의 한 형태라고 한다면, 창의성은 어느새 기계 속으로 스며들고 있습니다. 인간과 기계는 대상의 특징을 학습해서 원리를 습득하고 그것을 바탕으로 새로운 문제를 해결한다는 점에서 상당히 비슷해졌습니다. 오히려 인간의 뇌가 업그레이드되기 어려운 반면에 기계의 하드웨어와 알고리즘은 계속해서 업그레이드될 수 있다는 점에서 기계의 발전 가능성이 더 높아 보이기까지 합니다.

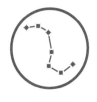

천문
하늘의 별따기를 시켜라

400년 전에 살던 과학자가 맨눈으로 밤하늘의 별을 관찰하고 기록하느라 진땀을 뺐다면, 요즘의 천문학자들은 자고 일어나면 컴퓨터 속으로 쏟아져 내리는 데이터들과 씨름을 벌이느라 진땀을 빼고 있습니다. 하버드-스미스소니언 천체물리연구소 이재현 연구원은 '2019 한국 슈퍼컴퓨팅 콘퍼런스 및 국가과학기술연구망 워크숍' 기조연설에서 이렇게 말했습니다.

"밤하늘을 향해 손가락을 펼치면 그 안에 3만 개의 은하가 들어옵니다. 지금은 천체망원경에서 이만큼의 천체 데이터가 매일 아침 날아옵니다. 컴퓨터가 이를 은하와 별로 구분하고,

은하를 다시 타원은하와 나선은하로 구분하는 일을 반복합니다. 빅데이터와 기계학습이 이렇게 자연과학에 활용되고 있습니다."

그는 또한 케플러와 뉴턴의 예를 들며 천문학에서 인공지능의 활용 가능성에 대해서도 설명했습니다. 케플러는 뉴턴보다 70년 전의 사람이고 뉴턴의 운동방정식에 대해서 전혀 몰랐지만, 관측을 통해서 행성이 타원운동을 한다는 것을 이미 알고 있었다는 것입니다. 그러니까 이를 기계학습에 적용하면, 기계가 이론적 배경 없이도 관측, 즉 데이터 학습을 통해 답을 찾을 수 있다는 것입니다. 예를 들어, 은하는 나이가 들면 파란색에서 빨간색으로 바뀝니다. 그런데 이러한 색의 변화에 영향을 미치는 요인이 무엇인지 알고 싶다면 컴퓨터에서 여러 가지 변수를 조작해 봄으로써 알 수 있습니다. 이 사례에서는 별의 생성 속도라는 변수를 조절해 보면 은하의 색이 바뀌는 것을 알 수 있다고 그는 설명합니다. 물리 현상에 대한 이론적인 이해 없이도 답을 알아낼 수 있는 천문 분야의 새로운 연구방법이 생기고 있다는 것입니다.

"물리 현상에 대한 이론적인 이해 없이도 답을 알아낼 수 있는 천문 분야의 새로운 연구 방법이 생기고 있다."

미국의 나사NASA는 우주의 기상, 행성 충돌 가능성, 태양 폭풍 예측, 자율주행 탐사체 개발, 우주 자원 개발, 행성 표면 지도 작성과 같은 연구를 수행하고 있습니다. 나사는 연구 성과를 향상시키기 위해 인공지능을 좀 더 적극적으로 활용하는 별도의 연구소인 FDLFrontier Development Lab를 개설하였습니다. 앞서 해킹 챕터에서도 소개된 GAN 알고리즘을 창안한 것으로 잘 알려진 굿펠로우Ian Goodfellow 박사 등 우주와 인공지능 전문가들을 영입해 위원회를 구성했습니다. 파트너들의 면면도 화려해서 엔비디아NVIDIA, 인텔, 록히드마틴, IBM, 구글, 옥스퍼드대학교 등이 각각의 임무를 부여받아 연구를 진행하고 있습니다.

행성 충돌 예측의 자동화

엔비디아는 '행성 방어Planetary Defense'라는 임무에 참여해서 생성된 지 200년이 넘은 혜성을 발견하는 인공지능을 개발했습니다. 혜성들이 지구와 충돌할 경우 막대한 피해가 발생할 수 있기 때문에 오토캠스AutoCAMS라고 이름 붙여진 인공지능을 통해 이를 미리 예측하여 피해를 최소화하는 것이 이 임무의 목표입니다. 이 인공지능은 여러 대로 구성된 카메라 네트워크를 통해 혜성의 궤도를 추적합니다. 아직까지 인공지능은 혜성의 궤도만 분석할 뿐, 혜성인지 아닌지를 구분하

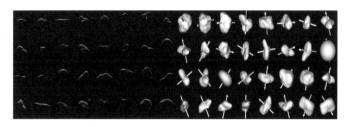
인공지능이 학습하는 행성의 2차원 영상(좌측)과 3차원 영상(우측)

는 일은 사람이 담당하고 있지만 하룻밤 사이에 분석해야 할 사진이 8천 장이 넘기 때문에 딥러닝 기술 없이 사실상 이것을 분석하는 것은 불가능합니다. 앞에서도 여러 번 등장한 것과 마찬가지로 역시나 이 일을 할 때는 합성곱신경망과 순환신경망이 사용됩니다.

지구에 충돌할 가능성이 있는 것은 혜성만이 아닙니다. 소행성도 충돌 위험이 있습니다. 엔비디아는 인공지능을 활용해 2D로 찍은 소행성 사진을 3D로 재현하는 일도 진행했습니다. 이 일은 업무의 특성상 컴퓨터 그래픽 디자이너들이 담당했던 예술 분야라고 볼 수도 있습니다. 예를 들어 2D로만 존재하는 카카오프렌즈 캐릭터를 3D 애니메이션으로 만드는 것이나 만화책 속에 2D로 존재했던 슈퍼히어로들이 영화 속에서 3D로 재현되는 것과도 매우 흡사합니다. 그러나 행성의 경우 예술이 아니라 과학이기 때문에 2D에서 3D로 전환되는 과정이 과학적이고 엄밀해야 합니다.

이 일을 수행하기 위해 인공지능은 행성의 모습이 2차원으로 표현된 영상과 3차원으로 표현된 영상을 학습합니다. 이 과정을 통해서 동일한 행성의 모습이 2차원일 때와 3차원일 때 어떻게 다르게 보이는지를 파악합니다. 학습을 마친 인공지능은 2차원 영상만 보여줘도 3차원의 모습을 그려낼 수 있습니다. 어떤 훌륭한 과학자나 그래픽 디자이너도 쉽사리 할 수 없는 일입니다. 이 일을 수행하는 데는 GAN 알고리즘이 사용되었습니다.

달 탐사를 위한 지도작성을 주도하다

인텔은 루나러시LunaRush라고 이름 붙여진 인공지능을 통해 달 표면 사진에서 노이즈를 제거함으로써 탐사체가 원활한 탐사활동을 할 수 있도록 돕는 임무에 참여했습니다. 탐사체가 달 탐사를 하기 위해서는 탐사를 수행할 수 있는 에너지원을 확보하는 것이 무엇보다 중요합니다. 지구에서 모든 것을 다 준비해서 우주를 탐사하는 것에는 한계가 있기 때문에 우주에서 필요한 에너지를 공급받을 수 있다면 우주 탐사는 한 단계 더 발전할 수 있습니다.

이를 위해서 달에 어떤 자원이 존재하는지를 파악해야 하는데, 그러자면 먼저 탐사체가 달의 구석구석을 조사하는 과정을 거쳐야 합니다. 이때 탐사체가 이동하기 위해서는 달 표

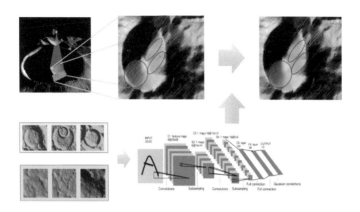

인공지능을 이용한 달 분화구 분석

면의 지도가 필요한데 이 문제를 해결하기 위해서 고해상도 카메라로 달의 표면을 20m의 높이에서 0.5m 간격으로 촬영한 사진을 이어 붙여 달 표면 영상을 만들었습니다.

그러나 달에는 GPS가 없기 때문에 사진을 찍는 위치가 정확하지 않아서 사진과 사진 사이에 겹치는 부분이 발생하고 이로 인해 지도에 왜곡된 정보가 만들어집니다. 특히 분화구밖에 존재하는 벽이나 골짜기가 사진이 겹쳐지는 과정에서 마치 분화구 안쪽에도 존재하는 것처럼 왜곡되는데, 달 표면을 탐사하는 로봇은 이런 왜곡을 장애물로 인식하고 주행하기 때문에 왜곡된 정보를 바로잡아 주어야 합니다. 그런데 이어 붙여야 하는 사진이 무려 4만 장에 이르기 때문에 무턱대고 어디에 분화구가 있는지를 사람이 일일이 찾는 것은 너무나 무모한 일입니다. 사정이 이렇다 보니 인공지능이 합성된 사진의 어느 부분에 분화구가 있는지 찾기만 해도 업무량이 크게 줄어들게 됩니다. 이제 문제는 인공지능이 분화구와 분화구가 아닌 부분을 찾아낼 수 있는가 하는 것입니다.

인텔은 합성곱신경망에 달 표면 사진을 학습시킴으로써 이 문제를 해결했습니다. 달 표면을 크게 '분화구'와 '분화구가 아닌' 지역으로 나누어 인공신경망에 학습시킨 다음에 새로운 사진을 보여주고 이것이 어느 쪽에 해당하는지를 가려내도록 한 결과, 놀랍게도 98%의 정확도로 구분할 수 있었습니다. 게다가 1천 개의 데이터 세트를 처리하는 데 인간이 1~3시간 소요되는 데 비해, 인공지능은 고작 1분밖에 걸리지 않아서 압도적인 효율성을 보여주었습니다. 아직은 인공지능이 영상의 교정 작업까지 스스로 처리하는 것은 아니지만 이것만으로도 우주 개발에서 인공지능이 큰 역할을 수행할 수 있다는 것을 증명하였습니다.

우주탐사의 자동화

나사의 제트추진연구소Jet Propulsion Laboratory에서 인공지능 연구단을 담당하고 있는 스티브 치엔Steve Chien 수석연구원은 2018년에 열린 국제우주대회International Astronautical Congress에서 앞으로의 우주 연구계획을 발표하면서 이렇게 말했습니다.

"인공지능은 우주의 신비를 풀 수 있는 열쇠입니다. 오직 인공지능만이 할 수 있습니다. … 인공지능 없이는 우주 연구가 불가능할 만큼 의존도가 커졌습니다."

나사는 이미 2003년에 자율적으로 데이터를 수집하는 우주선Autonomous Sciencecraft Experiment, ASE을 쏘아올렸습니다. 지구관측위성Earth Observing-1라고 이름 붙여진 이 우주선은 우주에서 어떤 데이터를 수집할 것인지와 그 데이터를 지구로 보내는 절차에 대해서 인간의 개입없이 자율적으로 결정했습니다. 이 지구관측선이 수명을 다하기까지 14년간 스스로 데이터를 수집해서 지구에 보내준 덕분에 인간은 화산이나 홍수와 같은 천재지변을 수개월 전에 미리 예측할 수 있게 되었습니다.

2020년에 발사가 예정된 화성탐사선에도 여러 종류의 인공지능이 탑재됩니다. 예를 들어 화성 표면을 탐사할 탐사선에는 자율주행 인공지능, 각종 영상과 이미지를 분석할 수 있는 인공지능, 탐사 차량의 작업 상황에 따라 일정을 스스로 조정하는 인공지능 등이 탑재됩니다.

나사에서 자율시스템과 로봇Autonomous Systems and Robotics 관련된 연구를 하고 있는 브레시나John Bresina 박사는 2015년 한 매체와의 인터뷰에서 "임무의 복잡도가 높고 우주선을 더 멀리 보낼수록 기존 방식으로는 성과를 내기가 어렵다. 인공지능은 이런 문제를 풀 수 있는 대안이다"라고 이야기했습니다.

카네기멜론대학교에서 인공지능 연구를 하고 있는 스미스Stephen Smith 교수는 우주 탐사 스케줄링과 관련하여 "사람이 직접 계획을 짤 경우 데이터의 방대함과 복잡성에 압도당할 수 있는데, 이런 일에 인공지능을 활용하면 인간이 의사결정을 하는 데 큰 도움을 받을 수 있다"고 했습니다.

2018년 구글의 인공지능 포럼에서는 인공지능을 활용해 새로운 행성 케플러-90i와 케플러-80g를 찾아낸 사례가 발표되었습니다. 지금까지는 케플러 우주망원경이 관측한 데이터를 소프트웨어로 분석한 다음 천체물리학자들이 눈으로 직접 확인하는 방식으로 새로운 행성을 발견했습니다. 그러나 구글의 엔지니어 샬루Christopher Shallue는 이 일의 일부를 인공지능에게 맡겼습니다.

발견 원리는 이렇습니다. 행성이 항성의 앞을 지날 때 항성의 밝기는 감소하는데, 이런 밝기 감소가 일정한 주기에 따라 반복된다면 이것은 그 항성을 공전하는 행성이 있다는 단서가 됩니다. 또한 항성의 밝기는 수치화해서 그래프로 나타낼 수 있습니다. 항성의 밝기 데이터를 입력값으로 주고, 각 밝기에 따른 행성 존재 가능성을 출력값으로 준 다음 두 데이터의 관계를 인공지능이 스스로 학습하도록 했습니다. 그 결과 1만 5천 개의 데이터에 대한 학습을 마친 인공지능은 무려 96%의 정확도로 행성의 존재 여부를 식별해 냈습니다. 물론 여기에 사용된 인공지능은 우리가 매일 사용하는 구글 포토에도 적용된 합성곱신경망입니다.

2009년 우주탐사를 시작한 케플러망원경은 매 30분마다 사진을 한 장씩 찍는데, 지금까지 쌓인 사진은 140억 장이 넘고 관찰한 별만 해도 20만 개가 넘습니다. 인공지능을 사용한 이 연구에서는 20만 개 중 불과 670개의 별만 분석대상으로 했을 뿐이기 때문에, 앞으로 인공지능을 통해 더 많은 발견이 이루어질 것으로 기대됩니다.

참고문헌

■ Computer World. (2015. 02. 11). NASA rides artificial intelligence to the moon and Mars.

■ NASA FDL. https://frontierdevelopmentlab.org/

■ 김태영 외. 인공지능과 함께하는 우주를 향한 인류의 도전, NASA FDL - 2018. https://tykimos.github.io/2019/03/26/NASA_FDL_Program/

■ 머니투데이. (2018. 01. 31). 구글은 어떻게 '인공지능'으로 행성을 발견했나.

■ 이재현. (2019). 더불어 진화하는 빅데이터와 자연과학. 2019 한국 슈퍼컴퓨팅 콘퍼런스 및 국가과학기술연구망 워크숍.

■ 한국경제. (2018. 10. 05). 우주로 향하는 AI···버려진 인공위성으로 '지구 이상조짐' 예측한다.

인공지능을 통한 전문성의 이종교배

인공지능으로 인한 변화를 이해하고 따라잡는 것은 쉬운 일이 아닙니다. 그동안 알고 있던 지식만으로 인공지능을 이해하는 데는 한계가 있기 때문입니다. 예를 들어 프랑스어를 전공한 사람이 전공서적을 아무리 열심히 공부해도 구글 번역기가 어떻게 프랑스어를 번역할 수 있는지에 대해 알기는 어렵습니다. 마찬가지로 바둑을 공부하는 프로기사가 아무리 바둑에 대한 지식에 통달해도 어떻게 알파고가 이세돌을 이길 수 있었는지에 대해 알기는 쉽지 않습니다. 미술 전공자가 하루 종일 작업실에서 그림 연습을 한다고 해도 인공지능이 어떻게 그림을 그릴 수 있는지에 대해 이해하는 것은 요원하기만 합니다. 이렇듯 전공이 인공지능이 아닌 사람이 인공지능을 이해하고 구현하는 것은 무척이나 어려운 일입니다.

그런데 어찌된 일인지 그 반대는 가능한 것처럼 보입니다. 인공지능을 전공한 사람은 인공지능밖에 몰라야 마땅한데, 이상하게도 인공지능을 통해 프랑스어, 바둑, 미술에 대한 문제를 풀었습니다. 구글 번역기는 프랑스어에 대한 문제를 풀었고, 딥마인드의 알파고는 바둑에 대한 문제를 풀었으며, 구글의 딥드림제네레이터는 미술에 대한 문제를 풀었습니다. 크래프트의 인공지능은 주식에 대한 문제를 풀었고, IBM의 인공지능은 법률과 의료에 관한 문제를 풀었으며, 오픈에이아이의 인공지능은 글쓰기, 음악, 게임에 관한 문제를 풀었습니다. 도대체 무슨 일이 일어나고 있는 것인지 도통 이해가 되지 않아 당황스럽고, 그동안 내가 쌓았던 전문성이 너무나도 쉽게 침해 받는 것 같아 두려움이 앞섭니다.

하지만 알고 보면 그렇게 두려워 할 일만은 아닙니다. 이것은 오히려 기가 막힌 기회일지도 모릅니다. 여지껏 내 머리만으로는 풀지 못했던 일들을 인공지능을 통해 풀 수 있는 길이 열릴지도 모르기 때문입니다.

인공지능이라는 요망한 기계 때문에 우리의 삶이 영향을 받는 것은 불가피합니다. 우리의 직업 역시 그 영향권 아래에 놓여 있다는 것도 자명한 사실입니다. 앞으로 직업의 세계는 해체되었다가 재조립되는 과정을 거치게 될 것입니다. 그렇다고 너무 두려워할 필요는 없습니다.

모두가 인공지능을 구현할 수 있는 능력을 갖추어야 하는 것은 아닙니다. 그저 인공지능이 어떤 능력을 갖고 있는지를 파악하고 그것을 내 업무를 처리하는 데 사용할 수만 있어도 충분합니다. 남들보다 조금이라도 먼저 관심을 갖는 것만으로도 당신의 미래는 한층 밝아질 것입니다.

물리
물리 모형의 발견에 참여시켜라

물리학을 포함한 모든 학문은 '설명 도구'입니다. 인간이 어떤 현상이나 상황을 이해하기 위해서는 설명이 필요한데, 그 설명을 하기 위해서는 적당한 도구를 필요로 합니다. 인간이 자연의 원리를 설명하고자 고안해 낸 '이론적 도구'가 바로 물리학입니다.

대학에서 물리학을 가르치는 조원상 교수는 「기계학습 모형을 통한 새로운 물리 모형의 탐사」라는 글에서 물리학을 "자연으로부터 얻은 최대한의 귀납적 지식에 대한 연역체계의 완성과정"으로 가정할 때, 인공지능이 출력하는 기계학습 모형은 "그 자체로 초super귀납모형"이라고 했습니다.

"기계학습 모형은 그 자체로 초귀납모형이며, 이는 인류가 태초 원시 세포부터 생존을 위해 행해 온 치열한 경험적 모델링 과정이, 대량화·자동화되어 임의의 정확도로 최적화될 수 있는 귀납적 모델링의 극단이라 할 수 있다."

'인공지능은 딥러닝을 통해 스스로 학습한다.' 이 말을 다른 말로 바꾸면, '인공지능이 각 분야의 데이터로부터 귀납적으로 모델링했다'가 됩니다. 다시 말해 딥러닝과 귀납적 사고는 동의어에 가깝다고 볼 수 있으며, 우리에게 더 익숙한 표현으로 바꾸면, '데이터 사이에 숨어있는 공통점을 찾는다'가 됩니다.

놀라운 것은 인공신경망이 새로운 데이터가 추가될 때마다 그것을 반영하여 자신의 예측모델을 스스로 업데이트한다는 것입니다. 무한 학습과 무한 에러 수정이 가능하기 때문에, 그야말로 학습의 자동화와 예측모델의 최적화를 담보하는 귀납적 모델링의 극단이 아닐 수 없습니다.

소립자를 분류하는 인공지능

스위스와 프랑스의 국경 사이에 위치한 유럽입자물리연구소Conseil Européen pour la Recherche Nucléaire, CERN는 대형강입자충돌기Large Hadron Collider, LHC를 통해 양성자를 1초에 10억 번 이상 충돌시키는데, 이때 양성자가 붕괴하며 만들어 내는 데이터의 양이 1초에 1페타바이트에 이른다고 합니다. 1페타바이트가 10^{15}바이트라고 하니 매 1초마다 요즘 우리가 사용하는 1테라바이트 하드드라이브 1천 개 분량의 데이터가 생성되는 것입니다. 당연히 이 모든 데이터를 저장하는 것조차 쉽지가 않아서 중요한 데이터만 저장해도 매년 200페타바이트 이상의 데이터가 쌓인다고 합니다. 2023년 이후에는 광도가 높은 양성자 빔을 이용해서 1초 당 충돌수를 10배 이상 늘릴 계획인데, 이렇게 되면 지금보다 100배 이상 많은 데이터를 얻게 될 것으로 예상됩니다. 다시 한번 말하지만, 이런 정도의 엄청난 양의 데이터를 저장하고 읽을 수 있는 것은 인간이 아니라 기계입니다.

표준 모형Standard Model에는 6개의 쿼크Quark가 존재하는데 다음 장의 그림 속 보라색으로 표시된 것이 쿼크입니다. 이 중 보텀쿼크bottom를 구분하는 일은 쉽지 않다고 합니다. 다른 쿼크와 구별되기 위해서는 그 쿼크만의 특징이 있어야 하는데, 보텀쿼크는 다른 쿼크에 비해 무겁고 수명이 깁니다. 이러한 특징을 수치화하여 학습시킨 인공지능은 보텀쿼크와 나머지를 성공적으로 분류해 냈고, 유럽입자물리연구소는 보텀쿼크를 분류할 때 딥러닝을 대표적 방법으로 사용한다고 합니다.

글루온 제트와 쿼크 제트를 구별하는 일에도 인공지능이 사용되고 있습니다. 저를 포함한 일반인들에게 글루온이니

입자 물리학 표준 모형

입자 물리학의 표준 모형

쿼크니 하는 용어는 외계어나 다름없습니다. 도대체 무엇을 하겠다는 것인지 짐작조차 할 수 없습니다. 그런데 이 문제를 우리에게 익숙한 방식으로 일반화하면 훨씬 이해하기 쉽습니다.

누군가 여러분에게 강아지 사진과 고양이 사진을 주고 분류하라는 숙제를 내주었다고 가정해 보겠습니다. 우리는 이숙제를 아무렇지도 않게 할 수 있습니다. 우리는 일상에서 강아지와 고양이를 자주 보기 때문에 그 특징이 머릿속에 저장되어 있고, 그 특징에 따라 어떤 사진이 강아지이고 어떤 사진이 고양이인지 척척 구분할 수 있습니다.

이번에는 누군가가 여러분에게 글루온 제트 사진과 쿼크 제트 사진을 분류하라는 숙제를 내주었다고 가정해 보겠습니다. 과연 우리는 이 일을 잘 할 수 있을까요? 아마 어려울 것입니다. 지금껏 본 적 없는 사진이기 때문에 어떤 기준에 따라 구별하면 좋을지 모르기 때문입니다. 그런데 시간을 두고 글루온과 쿼크 사진을 1천 장 정도 천천히 학습한다면 어떨까요? 사진을 학습하는 사이에 나도 모르게 글루온과 쿼크의 특징을 머릿속으로 학습해서 다음에 누가 글루온과 쿼크 사진을 보여준다면 어렵지 않게 분류해 낼 수 있을 것입니다.

인공지능도 딥러닝을 통해 이와 똑같은 일을 할 수 있습니다. 글루온 제트와 쿼크 제트는 검출기에 서로 다른 형태로 에너지를 남기게 되는데, 이것을 이미지화하여 인공지능에게 보여주면, 인공지능이 스스로 이 특징을 학습해서 둘을 분류할 수 있게 됩니다.

놀라운 것은 이 과정에서 인간이 그동안 만들어 낸 변수보다 좀 더 많은 정보를 인공지능이 스스로 찾아낸다는 것입니다. 기존에는 인간이 그동안 누적한 지식을 바탕으로 과학자들이 변수를 직접 찾으려고 노력했지만, 딥러닝 방식에서는 인간의 개입 없이 기계가 데이터를 바탕으로 변수를 직접 추려내는데, 이 방식이 인간의 방식보다 글루온 제트와 쿼크 제

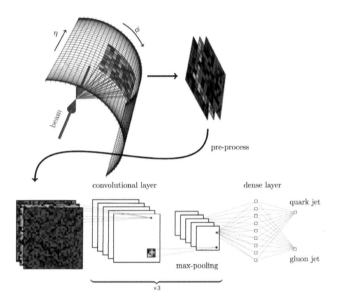

딥러닝을 활용한 입자 분류

트를 더 훌륭하게 분류한다고 합니다. 그리고 이와 비슷한 원리로 딥러닝을 사용해 톱쿼크 제트도 분류할 수 있다고 합니다. 한양대학교에서 물리학을 가르치는 김태정 교수는 위에 설명된 사례를 정리하며 인공지능과 물리학의 미래에 대해 다음과 같이 썼습니다.

"(인공지능은) 새로운 물리 현상의 발견, 단면적이 작아 잘 보이지 않았던 희귀 과정의 발견, 어디에나 있으나 보이지 않는

암흑물질의 발견이라는 중요한 임무에 적극적으로 활용될 것으로 보인다."

다시 되새겨보는 튜링의 전언

살펴본 것처럼 미시세계와 같이 인간의 감각기관으로는 인지하는 것조차 불가능한 세계를 기계 덕분에 조금씩 알아가고 있습니다. 도구가 없었다면 알 수 없었던 세계입니다. 이처럼 과학과 예술을 포함한 인간의 문명은 도구의 발전에 따라 그 궤를 같이합니다. 절대로 인간의 능력만으로 여기까지 온 것이 아닙니다. 도구를 만든 것이 인간이기 때문에 이 모든 것이 인간의 업적이라고 생각해서는 곤란합니다. 이런 식으로 따지면, 인간은 자연이 빚은 생존기계이기 때문에 인간의 모든 문명은 자연에 귀속됩니다.

도구를 만든 것은 인간이지만, 인간이 그 도구의 잠재성을 모두 간파하는 것은 아닙니다. 피노키오를 만든 것은 제페토 할아버지지만, 피노키오가 거짓말도 할 수 있으리라는 것까지는 예상하지 못했습니다. 이런 측면에서 튜링Alan Turing의 이야기를 되새겨 볼 만합니다. 그는 일찍이 컴퓨터라는 계산기계가 가진 무한한 잠재성을 알아보고 이렇게 말했습니다.

"인간이 기계를 만들었다고 해서 기계 내부에서 일어나는 모든 일을 예측할 수 있는 것은 아니며, (중략) 기계가 오직 인간이 알고 있는 일만 할 수 있다는 생각은 이상하다."

여러분을 낳은 것은 부모님이지만, 부모님이라고 해서 여러분의 행동 하나하나를 모두 예측할 수 있는 것은 아닙니다. 마찬가지로 여러분이 자식을 낳았다고 해서 그 자식이 여러분이 알고 있는 대로만 행동하는 것도 아닙니다.

우리가 기계를 낳았다고 해서 기계가 가진 잠재력을 모두 알고 있는 것은 아닙니다. 다만 한 가지 확실한 것은 오늘날의 기계가 우리의 상상을 초월하는 막강한 능력을 갖고 있다는 점입니다. 따라서 이 놀라운 기계를 우리의 발 아래 두려는 고압적 자세보다는 두 손을 맞잡고 나란히 걸으며 무엇을 어떤 식으로 협력할 수 있을지 고민하는 자세가 필요합니다. 인류가 정말로 현명하다면 기계와 대결 구도를 형성하기보다 협력 파트너로 올려 세워야 합니다. 결국 그것이 우리에게 이득이기 때문입니다.

참고문헌

■ Turing, A. M. (1950). Computing Machinery and Intelligence. 『Mind』, 49, 433-460.

■ 김태정. (2017). 힉스와 인공지능. 물리학과 첨단기술. 한국물리학회. DOI: 10.3938/PhiT.26.047

■ 조원상. (2017). 기계학습 모형을 통한 물리 모형의 탐사. 물리학과 첨단기술. 한국물리학회. DOI: 10.3938/PhiT.26.046

휴게실 토크

인간의 눈과 컴퓨터 비전

기계가 이토록 똑똑해졌다는 것이 쉽사리 받아들여지지 않습니다. 그런데 인간이 어떻게 해서 똑똑해졌는가를 따져보면 '아하! 그래서 기계가 똑똑해질수 있구나!'하고 고개가 끄덕여집니다.

인간이 똑똑해지기 위해서는 공부를 해야 합니다. 공부를 하기 위해서는 외부에 있는 정보를 습득해야 합니다. 정보를 습득하기 위해서는 정보수집 장치가 필요한데, 인간이 주로 사용하는 정보수집 장치가 바로 눈입니다. 인간에게는 눈을 포함해서 오감이라고 부르는 감각기관이 있는데, 이 감각기관이 바로 정보수집 장치입니다. 다른 동식물과 비교하면 인간의 이 특징이 좀 더 명확하게 드러납니다.

박쥐의 경우 사람이 들을 수 없는 아주 짧은 파장의 초음파도 들을 수 있는 청각을 보유하고 있으며 이를 통해 1mm 이하의 물체도 식별할 수 있습니다. 곤충의 경우는 더듬이라는 기관을 이용하여 촉각, 후각, 균형감각을 유지합니다. 식물 역시 줄기나 뿌리를 통해 외부 정보를 수집합니다. 우리에게 가장 친숙한 동물인 개의 경우 주로 후각을 사용해서 정보를 수집하는데, 전체 정보수집량의 약 40%를 후각에 의존합니다.

이에 비해 인간은 전체 정보수집량의 약 70%를 시각을 통해 수집합니다. 학자에 따라서는 90% 이상으로까지 보기도 합니다. 생명체가 똑똑해지기 위해서는 외부 정보의 수집이 선행되어야 하는데, 인간의 경우 70~90%를 시각기관을 통해 정보를 수집한다는 점이 매우 중요합니다.

조금 과장해서 말하면, 인간이 시각을 통해 정보를 수집한 다음 그 정보를 뇌를 통해 처리하는 과정을 알아내기만 하면 인간이 '생각'하는 활동의 70~90%를 이해할 수 있다고 해도 과언이 아닐 수 있습니다. 그만큼 인간의 인지와 사고에서 시각의 비중이 높다는 뜻입니다. 아래 나열한 예시의 공통점을 생각해 보시길 바랍니다.

- 생명과학자가 유전자를 분석할 때
- 천문학자가 새로운 행성을 찾을 때
- 의사가 암을 진단할 때
- 화가가 그림을 그릴 때
- 무용가가 안무를 분석할 때
- 택시 기사가 자동차를 운전할 때

언뜻 보기에는 이들이 전혀 다른 일을 하는 것처럼 보이지만 사실 이들은 모두 시각 정보를 처리한다는 점에서 같은 일을 하고 있습니다. 표면적인 주제는 다를지언정 최종적으로 정보를 처리하기 위해 사용하는 장치가 시각, 바로 눈이라는 점에서는 같습니다.

따라서 기계가 시각 정보를 처리할 수만 있다면 앞에 나열한 일을 처리할 수 있을지도 모릅니다. 뿐만 아니라 인간이 시각 정보를 통해 처리하는 거의 대부분의 일을 기계도 할 수 있을 것이라는 생각에 이르게 됩니다. 기계가 시각 정보만 제대로 처리할 수 있어도 인간이 하는 일의 70~90%를 커버할 수 있다고 생각하면 등골이 오싹해집니다.

그런데 최근 기계의 눈, 즉 컴퓨터 비전computer vision이라 불리는 기술이 발전함에 따라 실제로 이런 일이 현실이 되어가고 있습니다. 기계가 카메라를 통해 대상을 식별하는 정확도가 인간과 비슷하거나 높은 시대가 되었습니다.

게다가 기계의 눈이라는 것은 하드웨어 측면에서는 인간의 눈을 이미 초월하고 있습니다. 인간은 가시광선 영역의 정보만 수집할 수 있지만 기계의 눈은 이미 x-ray와 적외선 영역을 보고 있습니다. 인간이 볼 수 없는 영역을 기계가 보게 된다면 인간의 과학이 한 단계 진보하게 되는 것은 두말하면 잔소리입니다.

인간이 시각기관을 통해 정보를 수집해 똑똑해진 것처럼 기계도 컴퓨터 비전을 통해 그 일을 수행하고 있습니다. 눈이라고 불리는 생물학적으로 만들어진 진화적 기계를 사용하느냐, 또는 컴퓨터 비전이라고 불리는 인간이 만든 인공적 기계를 사용하느냐만 다를 뿐 이 둘은 참으로 많이 닮았습니다.

화학
무병장수의 비밀을 찾게 하라

화학은 정유 산업은 물론이고 약학과 뷰티 산업 등 다양한 산업을 아우르는 기초 과학입니다. 일반인에게는 멀게만 느껴지는 이 과학이 어떤 신소재를 찾아내느냐에 따라 패션 트렌드까지도 달라집니다. 그런데 인공지능은 화학에도 적용되어, 물질의 화학적 결합을 예측하는 데 있어 기존 방식보다 더 빠르고 정확한 예측력을 보여주며 과학의 자동화를 이끌고 있습니다. 특히 제약 산업에서 신약을 개발하는 데 인공지능이 큰 역할을 할 것으로 기대됩니다.

셀트리온이나 삼성바이오로직스 같은 제약 기업이 주식 시장의 주도적 역할을 담당할 만큼 제약 산업은 날로 성장하고 있습니다. 2018년 말 기준 상위 20개 제약회사의 시가총액은 코스피 전체의 6%에 달하고 셀트리온은 30조 원의 시가총액으로 전체 4위를 기록했습니다. 앞으로 인간의 수명이 늘어나 고령자 비율이 증가할 것이므로 제약산업은 지속적인 호황기를 맞을 것으로 예상됩니다.

신약 개발과 인공신경망

신약을 개발하는 과정은 물질의 새로운 화학 결합을 찾아내는 과정으로도 볼 수 있는데, 얼마나 빠르고 정확하게 화학 결합 실험을 수행하느냐에 따라 기업의 성패가 갈리기도 합니다. 따라서 그 일을 수행하는 것이 과학자인가 인공지능인가보다는 누가 하더라도 시간과 비용을 줄이면서도 더 나은 신약을 빨리 찾는가가 중요합니다.

신약 개발에도 이미지 분석에 뛰어난 성능을 보이는 합성곱신경망이 사용되고 있습니다. 실리콘밸리의 아톰와이즈Atomwise는 2015년 아톰넷Atomnet이라는 인공신경망을 선보였습니다. 이것은 신약물질을 개발하는 데 있어 딥러닝을 적용한 최초의 시도이며, 단백질과 저분자 화합물의 결합을 예측할 수 있습니다. 그런데 그 결과를 예측하는 방식에 있어 과거와 큰 차이를 보입니다.

의료와 인공지능에 대해 연구하는 최윤섭 박사는 인공신

경망에 대해 "과거에는 물질 간의 결합력을 알기 위해서 복잡한 수식을 계산해야 했지만 최근에는 인공신경망에 이미 잘 결합하는 것으로 알려진 물질의 3차원 구조를 나노미터 단위로 쪼개어서 벡터화한 이미지를 무작정 학습시켜 버린다"면서 다음과 같이 덧붙입니다.

> "즉, 수소 결합이 무엇인지, 인접한 분자 사이에 전기적 힘이 어떻게 작용하는지도 모르는 인공신경망이 실제 결합하는 단백질과 리간드Ligand의 구조를 바탕으로 화학적 결합의 원리를 스스로 배운다."

이 방식으로 학습한 인공지능은 과거의 방식보다 더 정확하게 단백질-리간드의 결합을 계산했다고 합니다. 최윤섭 박사는 이런 결과를 보며 '과거의 방식으로 열심히 에너지 함수를 계산하던 연구자의 한 사람으로 매우 당황스럽기까지 하다'고 했습니다.

『네이처』에 따르면 생명공학이나 화학이 아닌 컴퓨터과학을 전공한 학생들이 약학 전문지식이 부족한 상황에서 신약 후보 물질을 찾아낸 사례도 있습니다. 미국의 작은 대학교인 벨뷰컬리지Bellevue College 학생들은 실험실도 없이 최소 예산으로 방대한 양의 유전체 데이터 분석을 통해 치쿤구니아Chikungunya 바이러스의 백신 후보물질을 찾아냈고 현재 임상시험 중입니다.

이 연구는 컴퓨터과학을 전공한 학생들과 생물학자들의 협업을 통해 이루어졌습니다. 컴퓨터과학 전공 학생들이 바이러스 감염과 연관된 조직 친화성에 영향을 미치는 단백질 서열을 찾기 위해 바이러스 카테고리에서 단백질 서열을 비교하고 정렬하는 프로그램을 개발하고, 생물학자들이 단백질 도메인 서열을 확인하는 방식입니다. 이런 방법으로 불과 한 달이라는 짧은 시간동안 치쿤구니아 바이러스 감염에 영향을 미치는 단백질 영역을 항원으로 하는 백신의 임상시험으로까지 이어졌습니다.

GAN이라는 인공신경망을 활용한 사례도 있습니다. 이 인공신경망은 해킹의 사례에서도 소개한 것처럼 '진짜 같은 가짜'를 만들어 내는 데 탁월한 성능을 보입니다. 예술 분야라면 이미지나 영상, 오디오 같은 출력물이 나오겠지만, 같은 신경망을 약학에 적용하면 적은 비용으로 신약 후보물질을 빠르게 찾아내는 데 사용될 수 있습니다. 신약 개발에는 막대한 연구기간과 투자 비용이 듭니다. 한국제약바이오협회에 따르면 전 세계적으로 신약 연구개발 비용은 2015년 159조 원에서 2020년 193조 원으로 증가할 전망입니다. 이렇게 막대한 비용이 투여되지만 5천여 개 이상의 신약 후보물질 중에서 단 5개만 임상시험에 진입하고, 그중 한 개만이 최종적으로 판매 허가를 받는다고 하니, 정말이지 낙타가 바늘 구멍을 통과하는 것 이상으로 험난한 여정입니다.

그런데 인실리코메디신Insilico Medicine의 알렉스 자보론코프 Alex Zhavoronkov 박사는 과거에 신약을 개발하는 데 10년 이상 걸렸다면, 이제 인공지능을 통해 3년으로 줄일 수 있다고 주장합니다. 2017년 인실리코메디신은 GAN 알고리즘을 사용해 320만 개의 유전자 발현 데이터, 650만 개 인간혈액 테스트 결과, 약 4만 개의 신호전달체계, 수억 개에 달하는 화학구조 정보가 들어있는 '바이오 오믹스 데이터'를 분석해 최적의 후보물질을 3개월 만에 찾아냈습니다. 후보물질을 찾았다고 해서 신약 개발을 장담할 수 있는 것은 아니지만, 인공지능을 통해 연구 기간을 획기적으로 줄일 수 있을 것으로 기대되는 것은 사실입니다. 석박사급 대학원생들이 장기간에 걸쳐 수행해야 하는 업무를 인공지능이 대신할 수 있게 되면 연구원들은 좀 더 창의적인 업무에 집중할 수 있을 것으로 기대됩니다.

동물실험의 대체, 인공지능이 실천하는 생명애

이처럼 신약 후보물질을 찾게 되면 그 약의 효능과 안전성을 검증하는 단계로 넘어갑니다. 인간에게 바로 실험할 경우 부작용이 발생하는 사고가 일어날 수 있기 때문에 거의 대부분의 경우에 동물실험을 먼저 진행합니다. 그런데 이 동물실험과 관계된 독성학toxicology에서도 인공지능이 전통적인 동물실험을 대체할 수 있다는 연구가 발표되었습니다.

화장품이나 연고는 피부에 직접 닿는 화학물질입니다. 그렇다보니 피부에 발랐을 때 부작용을 일으킬 수 있기 때문에 동물실험을 통해 그 유해성을 먼저 확인합니다. 통계에 따르면 실험에 사용되어 죽는 동물이 전 세계적으로 매해 1억 마리가 넘고, 국내의 경우만 해도 2017년에만 3백만 마리가 넘습니다. 이처럼 약물의 개발은 동물의 생명권과 인간의 생명권이 충돌하는 영역인데, 만일 인공지능을 통해 동물실험을 대체할 수 있다면 그야말로 '기계'가 동물과 인간 모두에게 '생명'의 혜택을 주는 셈입니다.

미국 존스홉킨스대학교의 토마스 하텅Thomas Hartung 박사와 연구진이 2018년 발표한 연구에 따르면, 머신러닝 방식이 과거의 동물실험 방식보다 물질 구조의 관계를 읽어내는 일에 있어서 우수한 성과를 보였습니다. 화학적 구조에 따라 독성도 달라지는데, 연구진은 이 관계를 데이터베이스로 만들어 이것을 인공신경망에 학습시켰습니다. 이를 토대로 인공지능은 새로운 화학적 구조가 어떤 독성을 갖게 될지 자동으로 예측할 수 있게 되었습니다. 과거에는 동물실험의 정확도가 81%였지만 이 연구진이 개발한 인공지능의 정확도는 87%였습니다. 이 일에 평생을 매진한 과학자들도 쉽사리 알 수 없는 결과를 인공지능이 좀 더 정확하게 예측할 수 있게 된 것입니다. 이를 개발한 하텅 박사는 이렇게 이야기했습니다.

"정말 눈이 번쩍 뜨인다. 자동화된 인공지능으로 동물실험을 대체할 수 있을 뿐만 아니라 더 신뢰성 있는 결과도 얻을 수 있게 되었다."

지금까지 동물실험의 윤리적 문제와 비싼 실험비용으로 인해, 소비자용 상품으로 개발된 화학약품은 약 10만 개 정도에 그칩니다. 그러나 인공지능을 통해 동물실험 없이 비용과 시간을 절약하면서도 안정성까지 확보할 수 있다면 지금보다 훨씬 많은 화학물질을 더 안전하게 개발할 수 있을 것으로 전망됩니다. 하텅 박사는 이렇게 말했습니다.

"아마도 미래의 화학자들은 물질을 합성하기도 전에 (인공지능이 예측을 자동화해 주기 때문에) 그 물질이 어떤 독성을 갖게 될지 미리 알 수 있을 것이며, 이를 통해 무독성 물질을 합성할 수 있을 것이다."

위에서 살펴보았듯이, 인공지능을 이용해 신약 후보물질을 찾는 시간을 줄일 수 있으며, 임상실험을 진행할 때도 동물실험 없이 인공지능을 통한 시뮬레이션으로 대체할 수 있다면 비용을 줄이고 실험기간을 단축할 수 있을 뿐만 아니라, 인간 때문에 실험용으로 죽어나가는 동물들의 생명도 지킬 수 있습니다.

옥스퍼드대학교 카트라이트Hugh Cartwright 교수 등 5명의 화학자는 2018년 『네이처』에 「분자와 소재과학을 위한 머신러닝Machine learning for molecular and materials science」이라는 논문을 게재했습니다. 현재 화학자들이 다양한 원자들을 무작위로 결합해서 새로운 물질을 만들고 있지만, 인공지능을 통해 이를 자동화할 경우 인간이 미처 발견하지 못한 물질이 탄생하는, 기절초풍할 만한 일이 생길 수도 있다고 논문에서 밝혔습니다. 인간은 직관을 발휘해서 생각지도 못한 성과를 거두기도 합니다. 그러나 때로는 직관에 의존하다가 오류를 범하기도 합니다. 숙련된 과학자의 직관과 경험을 살리는 동시에 기계학습을 통해서 직관을 보완할 수 있다면 과학은 한 단계 도약할 것입니다. 이 논문의 저자들은 과학자와 인공지능의 협력을 통해 좀 더 체계적인 방법으로, 마치 금광을 캐듯 신물질을 캐낼 수 있을 것으로 보았습니다.

도구가 바뀌면 과학을 하는 방법도 바뀌기 마련입니다. 인공지능이라는 새로운 도구를 과학에 어떻게 접목시킬 것인가라는 질문이 과학자들에게 던져졌습니다. 과학자들의 창의성은 바로 이 지점에서 빛을 발할 것입니다.

참고문헌

■ Atomwise. (2015. 12. 02). Introducing AtomNet – Drug design with convolutional neural networks.

■ Bric. (2018. 04. 04). 신약개발 혁명: 똑똑한 연구보조 하나 데려다 쓰시렵니까?/

■ Caltech. (2018. 08. 28). Researchers Put A.I. to Work Making Chemistry Predictions.

■ Insilico Medicine. https://insilico.com/

■ Johns Hopkins Bloomberg School of Public Health. (2018. 07. 19). Database Analysis More Reliable Than Animal Testing For Toxic Chemicals.

■ Nature. (2018. 07. 25). From literature search to vaccine candidate without a lab.

■ 로봇신문. (2017. 12. 13). IBM, 화학반응 예측하는 인공지능 연구: 정확도 80%로 화학반응 예측 가능.

■ 생명공학정책연구센터. (2018. 08. 30). Wet 실험 없이 데이터 분석만으로 백신 후보물질 발굴. BioINwatch(BioIN+Issue+Watch): 18-64.

■ 서울경제. (2019. 01. 13). 화학물질 독성평가에 쓰이는 인공지능.

■ 아시아경제. (2016. 10. 06). 바르토즈 IBS 교수…화학 합성 인공지능으로 '파인만' 상 수상.

■ 조선일보. (2018. 07. 19). 인공지능이 동물실험 대체한다.

■ 최윤섭. (2018. 01. 16). 딥러닝으로 신약을 개발할 수 있을까.

■ 한국경제. (2018. 01. 03). AI에 빠진 국내 제약바이오 업체들…"AI로 신약개발".

■ 허핑턴포스트. (2018. 07. 16). 빅데이터와 인공지능이 '동물실험'을 대체할 수 있을지도 모른다.

생명
신약 개발의 지름길을 찾게 하라

    과학의 발달에 따라 의학과 생명공학은 협력적인 동시에 경쟁적인, 다소 미묘한 관계를 형성하고 있습니다. 지금까지 병의 치료는 생명공학보다 의학의 연구분야였습니다. 그러나 생명공학의 연구 범위가 유전자로까지 확장되면서 상황이 조금 달라지고 있습니다. 병의 원인을 아예 유전자 수준에서 밝혀 병을 원천적으로 예방하려는 움직임이 나타나고 있습니다.

    컴퓨터공학자이자 유전공학자인 프린스턴대학교 트로얀스카야Olga Troyanskaya 교수는 이런 움직임을 이끌고 있습니다. 2019년 5월 『네이처 지네틱Nature Genetics』에 따르면 트로얀스카야 교수 연구팀은 인공지능을 이용해 자폐증을 일으키는 돌연변이 유전자를 찾는 시도를 했습니다.

자폐증은 언어발달 장애나 공격성 등 사회적 상호작용에 문제를 일으키는 질병으로 알려져 있습니다. 하지만 아직까지 그 원인이 무엇인지조차 뚜렷이 밝혀지지 않았고 치료법도 많이 발달되어 있지 않습니다. 자폐증을 포함한 대부분의 정신질환의 원인과 치료법이 아직 명확하지 않기 때문에 만일 유전자의 돌연변이에서 그 원인을 찾을 수 있다면 그것은 크나큰 발견이 아닐 수 없습니다.

정크 DNA에서도 의미를 찾아낸 인공지능

그런데 유전적 원인을 밝혀내는 것은 생각만큼 간단한 일이 아닙니다. 인간의 유전체는 총 30억 쌍의 염기서열 결합으로 이루어져 있기 때문에 한 줄로 읽어내려 간다고 해도 무려 30억 번을 읽어야 합니다. 게다가 유전 정보라는 것이 앞뒤의 염기 몇 개가 서로 짝을 이루어 존재하기 때문에 어디서부터 어디까지 끊어 읽어야 할지를 따지다보면 경우의 수는 눈덩이처럼 불어납니다.

이렇게 정보량이 많을 때, 인간보다 분석에 뛰어난 존재가 바로 인공지능입니다. 연구팀은 인공지능을 사용해 30억 쌍의 염기서열을 1천 개 단위로 묶어서 처음부터 끝까지 읽어내려갔습니다. 이렇게 함으로써 유전체 전체에 존재하는 모든 돌연변이를 읽어낼 수 있었습니다.

이것은 다른 관점에서도 매우 의미있는 시도입니다. 지금까지 30억 쌍의 염기서열에서 유전 정보를 담고 있다고 추정되는 유전자는 불과 2만 개 정도이고, 나머지 99%는 유전 정보를 담지 않은 쓰레기, 일명 정크 DNA^{junk DNA}로 분류했습니다. 따라서 학자들도 정크 DNA에는 별 관심을 두지 않았고 연구도 상대적으로 소홀했습니다. 인간 입장에서는 모든 정보를 다 살펴보는 데 너무나 많은 시간과 자원이 소모되기 때문에 연구에 우선순위를 부여할 수밖에 없었고, 어쩔 수 없이 정크 DNA는 후순위로 밀렸던 것입니다.

그러나 인공지능은 워낙 일처리 속도가 빠르기 때문에 정크 DNA도 분석 대상에 포함시킬 수 있었고, 연구 결과 놀랍게도 정크 DNA의 돌연변이가 자폐증에 영향을 미친다는 것을 입증했습니다. 정크 DNA는 인간 유전체의 99%를 차지함에도 불구하고 그동안 홀대를 받아왔다는 측면에서 볼 때, 인공지능이 과학에 어떤 공헌을 할 수 있는지 새삼 그 중요성과 가능성을 깨닫게 됩니다.

역시나 이번에도 인공지능은 딥러닝 방식으로 유전자 패턴을 스스로 학습했습니다. 염기서열의 묶음을 어디서 어떻게 끊어 읽으면 좋을지, 또 그 유전자가 2천 개가 넘는 단백질에 어떤 영향을 미치는지 등을 스스로 학습하고 예측합니다. 뿐만 아니라 잘못된 염기결합이 있을 경우 단백질과의 상호

작용에 문제가 있는지에 대해서도 예측합니다. 인공지능이 아니었다면 고급 두뇌의 연구원들이 연구실에 틀어박혀 한땀 한땀 읽어 내려가느라 밤을 지샜을 것이고, 매일 밤낮을 지새 더라도 몇 년이 걸렸을지도 모를 일입니다. 그런데 인공지능 이 유전체 분석과 예측을 자동화해 준 덕분에 인간의 수고는 비교할 수 없을 정도로 감소했고 연구원들은 다른 업무에 매 진할 수 있게 됐습니다.

특히 인공지능이 연구 우선순위를 제시해 준다는 것은 연 구진에게는 단비와도 같습니다. 인공지능이 수많은 돌연변이 들을 '발병 영향 점수disease impact score'라는 순위를 매겨 제시 해 주기 때문에 연구원들은 시간을 낭비하지 않고 병의 원인 이 있을 것으로 예측되는 유전자 분석에만 더 집중할 수 있습 니다. 마치 일처리가 능숙한 선배나 상사가 일의 우선순위를 정해 주는 것과 같은 효과를 내는 것입니다.

유전자 분석을 통한 병의 예측은 의료의 개인화에도 공헌 하게 될 것입니다. 유전자는 각 개인의 고유한 정보이기 때문 입니다. 지금까지의 의학이 개인화된 유전자 수준보다는 상 대적으로 일반화된 치료법을 제시했다는 것을 떠올려보면, 앞으로는 개인별 유전체 검사를 통한 맞춤의료 시대가 열릴 것으로 기대됩니다.

딥러닝 관련 논문의 제목에는 '이유는 알 수 없지만 너무 나도 효율적인The Unreasonable Effectiveness'이라는 표현이 자주 등장합니다. 딥러닝 알고리즘은 인간이 일일이 가르쳐주지 않아도, 다시 말해 규칙을 입력해 주지 않아도 알고리즘 스스로 데이터에 숨어 있는 규칙을 찾아내어 학습합니다. 그러나 인간이 개입하지 않기 때문에 인공지능이 무엇을 어떻게 학습했는지에 대해서는 정확하게 알 수 없습니다. 그래서 '이유는 알 수 없지만'이라는 표현이 등장하고 블랙박스라고 표현하기도 합니다. 그럼에도 불구하고 인공지능이 출력하는 결과가 너무나도 좋아서 사용하지 않을 수 없는 것이 오늘날의 딥러닝 알고리즘입니다.

돌연변이를 찾아내는 인공지능

생명의 진화, 그러니까 집단유전학을 연구하는 데 있어서도 이유는 알 수 없지만 인공지능이 너무나도 효율적이라는 연구「The Unreasonable Effectiveness of Convolutional Neural Networks in Population Genetic Inference」가 발표되었습니다. 앞에서 여러 차례 확인한 바와 같이 합성곱신경망은 이미지 학습에 매우 뛰어난 성능을 보입니다. 그렇지만 DNA 염기서열은 일반적으로 A, C, G, T와 같은 문자로 표현됩니다. 따라서 이 문자형 데이터를 이미지 데이터로 바꾸는 것이 학습에 더 유리한데, 구글은 딥베리언트DeepVariant라는 툴을 개발해서 이 문제를 해결했습니다.

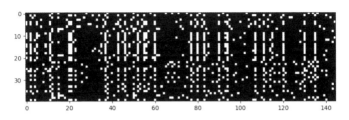

문자 형태의 DNA 염기서열을 이미지 형태의 데이터로 바꾼 모습

위에 보이는 그림이 DNA의 문자를 이미지로 바꾸어 표현한 것입니다. 세로 축은 인간 샘플 번호를 나타내고(총 40명) 가로축은 전체 유전체에서 돌연변이가 나타나는 부분(총 145곳)을 표현했습니다. 돌연변이가 있는 부분은 흰색으로 표현됐고 정상인 부분은 검정색으로 표현됐습니다. DNA는 원래 아데닌Adenine, 시토신Cytosine, 구아닌Guanine, 티아민Thymine 즉 A, C, G, T로 이루어진 네 가지 염기(정보)를 담고 있지만 흰색과 검정색(1과 0)이라는 이진 표현으로 바뀐 것입니다. 일단 DNA정보를 이렇게 이미지로 전환하고 나면 합성곱신경망이 학습하기가 수월해지고, 집단유전학에 관한 여러 가지 문제를 해결하는 데 사용할 수 있습니다.

연구진은 종 사이에 유전자 교환이 일어난 흔적을 찾는 일, 역사적으로 유전자가 재조합된 비율을 측정하는 일, 종의 인구학적 특징을 밝히는 일 등에서 기존 방식보다 딥러닝 방식이 더 나은 결과를 보인다고 설명하였습니다.

누차 말하지만 인공지능이 여러분의 직업을 앗아갈까봐 걱정할 때가 아닙니다. 이 뛰어난 기계와 어떤 일을 함께 할 수 있을지 곰곰이 생각을 해야 할 때입니다. 당신이 다윈을 뛰어넘는 생명공학자가 되고자 한다면, 인공지능은 최고의 도우미가 되어줄 것입니다.

참고문헌

■ Deep Genomics. https://www.deepgenomics.com/

■ EurekAlert. (2019. 05. 27). Artificial intelligence detects a new class of mutations behind autism.

■ Flagel, L., Brandvain, Y., & Schrider, D. R. (2018). The unreasonable effectiveness of convolutional neural networks in population genetic inference. Molecular biology and evolution, 36(2), 220-238.

장인
인간 감각의 불완전성을 보완케 하라

　흔히 '장인'이라고 불리는 이들이 있습니다. 어느 한 분야에서 경험과 지식을 축적해 타인이 범접할 수 없는 경지에 이른 사람들을 일컫습니다. 표준국어대사전에 따르면 장인은 '심혈을 기울여 무엇을 만든다는 의미로 예술가를 두루 이르는 말'입니다. 그야말로 무슨 일에서든지 '예술의 경지'에 도달했다는 뜻입니다. 장인이 다루는 일은 오랜 경력 동안 쌓아 올린 전문성과 고도의 집중력을 필요로 하는 영역으로 여겨집니다. 과연 이런 일에서도 인공지능이 실력을 발휘할 수 있을까요?

맛의 지문 찾기

맛과 향은 장인의 영역이라고 여겨져 왔습니다. 된장, 고추장, 김치, 막걸리 등이 여기에 해당합니다. 우리나라에도 각 지역별로 맛의 장인이 존재합니다. 이 장인들은 각자 자신의 지역에 특화된 맛을 내고 감별하는 전문가입니다. 이 전문가들에게는 국가적으로 그 권위를 인정하는 '타이틀'이 부여되기도 합니다. 그런데 인공지능은 장인의 영역에서도 실력을 발휘할 수 있을 것으로 전망되고 있습니다. 좀 더 정확하게 말하자면, 인공지능과 함께라면 장인의 손맛도 뛰어넘을 수 있을 것으로 보입니다. 자연이 만들어 인간에게 장착시켜 준 감각기관의 불완전성이 인공지능을 통해 보완될 수 있는 가능성이 제시된 것입니다.

인공지능이 이런 도전을 할 수 있는 것은 맛과 향에도 지문이 존재하기 때문입니다. 인간은 맛과 향을 미각이나 후각으로 인지하는데 사실 인간의 감각기관의 정확도가 어느 정도일지는 장담하기가 쉽지 않습니다. 장인들의 경우 수십 년에 걸친 호된 훈련과정을 통해 감각의 정확도를 높여왔다고 여겨집니다. 그렇다면 풀어야 할 문제는 상당히 명료해집니다. 과연 맛과 향을 장인의 수준으로 인지하고 학습할 수 있는 기계장치를 만들 수 있는가? 라는 질문으로 압축됩니다.

마이크로소프트와 맥주회사 칼스버그는 맥주의 지문Beer Fingerprint을 구별하는 일에 인공지능을 도입했습니다. 칼스버

그는 세계에서 4번째로 큰 맥주회사이고 그 역사만 해도 140년이 넘은 전통의 강자입니다. 회사 내부에 맛을 유지하고 관리하는 전문가들을 보유하고 있다는 점에서 자신들의 전통적 맥주 제조법을 인공지능을 통해 혁신하려는 시도가 더욱 파격적으로 다가옵니다.

맥주 회사들은 더 좋은 맥주맛을 내기 위해 연구 과정에서 수백 종의 맥주를 테스트합니다. 그런데 이때 종류별로 아주 소량씩만 발효시키기 때문에 인간의 미각으로 이것을 분별하기란 쉽지 않습니다. 칼스버그 연구소에서 '맥주 박사Dr. Beer'로 불리는 요헨 푀르스터Jochen Förster 교수는 극소량의 효모에서도 그 화학 성분을 정확하게 측정할 수 있고, 이것을 통해 나중에 대량 생산을 시도했을 때 어떤 맛이 날 것인지를 예측할 수 있는 센서가 있다면 맥주 연구와 개발에 큰 도움이 될 것이라고 이야기합니다.

칼스버그는 덴마크의 대학팀과 협력해서 센서를 개발했고, 마이크로소프트는 이 센서를 통해 수집한 데이터를 머신러닝을 통해 분석함으로써 맛과 향을 측정했습니다. 2018년 현재, 3년을 목표로 진행된 연구를 6개월 정도 진행한 결과 센서가 이미 여러 종류의 필스너와 라거를 구분하기 시작했습니다. 만약 이런 식으로 센서가 각 맥주의 고유의 맛과 향을 구분할 수 있게 된다면, 향후에 새로운 조합을 통해 새로운 맛을 내고자 할 때 시간과 노력을 단축할 수 있습니다.

20년 전만 해도 맥주업계에는 맥주 제조에 관한 과학적 데이터가 충분치 않았다고 합니다. 효모에 대한 유전체가 완성된 것도 불과 십여 년 전의 일입니다. 그러나 최근에는 효모에 대한 유전체 분석이 일주일 안에 끝나기 때문에 맥주 제조에 사용되는 데이터의 양이 기하급수적으로 증가하고 있고, 이것을 제대로 분석해서 어떤 패턴을 찾고자 한다면 인공지능보다 좋은 대안은 없을 것입니다. 인공지능이 장인의 반열에 올라설 날이 머지않은 것입니다.

맛과 향의 개인화

기계학습에는 강화학습reinforcement learning이라는 학습법이 있습니다. 이것은 새로운 경험을 반영해서 기존에 갖고 있던 예측 모델을 수정하는 학습법입니다. 예를 들어 축구선수의 슈팅 연습을 생각해 보겠습니다. 축구선수의 발이 공에 닿는 각도에 따라 공은 조금씩 다른 방향으로 휘어져 나갑니다. 처음에는 골대를 많이 벗어나지만 공을 찰 때마다 공이 날아가는 궤적을 보며 각도를 조금씩 수정해 나갑니다. 이것이 경험을 통해 예측모델을 수정하는 과정이며 이런 학습법을 강화학습이라고 부릅니다. 강화학습을 천 번쯤 반복하다 보면 드디어 골대 안으로 넣을 수 있는 최적의 각도를 찾아냅니다. 강화학습은 인간에게 전혀 낯설지 않습니다. 우리가 의식하

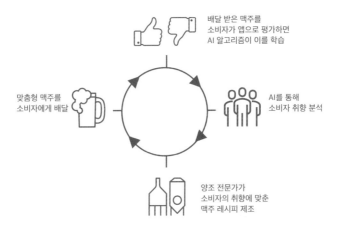

인텔리전트엑스의 인공지능이 맥주맛을 개인별로 최적화하는 방법

지 못했을 뿐, 우리 모두는 일상에서 이미 강화학습을 실천하고 있습니다.

이제 이 예제를 맥주맛에 관한 것으로 바꾸면 인공지능은 당신에게 최적화된 맥주의 맛과 향을 찾을 수 있게 됩니다. 게다가 인간은 그저 감각적으로만 맛을 기억할 뿐 그것을 수치화해 표현할 수 없지만, 인공지능은 당신이 '맛있다' 또는 '맛없다'라고 대답하는 모든 데이터의 구체적인 수치를 알고 있기 때문에, 언제라도 당신이 원하는 최적의 맛과 향을 재현할 수 있습니다. 그야말로 천재 양조기술자라고 하지 않을 수가 없습니다.

인텔리전트엑스Intelligent X라는 스타트업은 실제로 개인별로 최적화된 맥주를 제조하는 일을 시작했습니다. 소비자는 일단 페일, 블랙, 앰버, 골드의 4가지 기본 맥주에서 시작합니다. 이 기본 맛을 마셔본 다음 자신이 느낀 점을 애플리케이션에 기록하기만 하면 됩니다. 그러면 인공지능이 당신과 비슷한 의견을 낸 사람들의 취향을 분석하고 그 결과가 맥주 제조사로 보내져 당신의 입맛에 최적화된 새로운 맥주가 제조됩니다. 그야말로 당신만의 입맛에 최적화된 장인이 당신을 평생 동안 보좌하는 격입니다. 나이가 들어 당신의 입맛이나 취향이 바뀌면 바뀌는 대로 인공지능은 그것을 반영한 최적의 맛과 향을 선사할 것입니다. 인텔리전트엑스는 이 방식으로 맥주 구독 서비스를 준비 중에 있습니다.

지금까지 맥주와 같은 상품은 대기업이 주도하는 시장이었습니다. 거대 공급자가 맛을 주도적으로 결정하면 소비자는 상대적으로 수동적인 입장에 놓일 수밖에 없었습니다. 그러나 이제 맛과 향의 소비에 있어서도 개인의 취향이 크게 반영되고 존중될 수 있는 환경이 마련되고 있습니다. 맛과 향의 분석뿐만 아니라 다양한 제품을 소량 생산하고, 생산된 제품을 개인의 주거지까지 배달할 수 있는 모든 기반 기술이 상용화 단계에 접어들고 있기 때문입니다. 나만을 위한 맥주 장인을 갖게 된다는 것은 정말이지 상상도 못 했던 멋진 일입니다.

인공지능을 통한 감별 기술은 우리가 생각한 것 이상으로 무궁무진한 가능성을 갖고 있습니다. 예를 들면 토마토의 색을 통해 얼마나 잘 익었는지를 감별할 수도 있습니다. 한국생산기술연구원 장인훈 박사와 한국식품연구원 최정희 박사팀은 토마토의 색을 6단계로 구분할 수 있는 딥러닝 기반 영상처리기술을 통해 토마토의 숙도를 판별할 수 있는 시스템을 개발했습니다. 토마토의 숙도를 나타내는 지표 중 하나가 토마토의 색인데 이 색을 판별하는 일에 있어서 인간의 시각과 컴퓨터 비전 중 어느 쪽이 더 좋은 결과를 낼지에 대해 실험한 것입니다. 실험 결과 인간 작업자의 판별 정확도가 75%인데 비해 숙도별 토마토 실물 이미지를 딥러닝을 통해 반복학습한 결과 인공지능의 정확도는 96%에 달했습니다.

　재밌는 것은 이 연구팀이 토마토의 숙도를 감별할 수 있는 알고리즘을 따로 개발한 것이 아니라 인간의 감정을 판별할 수 있는 알고리즘을 활용했다는 점입니다. 이것이 가능한 것은 토마토의 숙도를 구분하는 일이나 인간의 감정을 판별하는 일 모두 컴퓨터 비전을 사용하며, 레이블이 붙어 있는 이미지 분석을 하는 지도학습supervised learning이라는 점에서 동일하기 때문입니다.

　이 사례는 우리를 다시 한번 일깨워줍니다. 창의적인 연구자가 되고 싶다면, 딥러닝 알고리즘을 어디에 어떻게 적용시킬 것인지를 찾아내야 한다고 말입니다.

참고문헌

- Intelligent X. http://get.intelligentx.ai

- Kakao Brain. (2019. 02. 16). 인공지능이 맥주 양조에 혁신을 부른다면?.

- Microsoft. (2018. 07. 16). Can AI help brewers predict how new beer varieties will taste? Carlsberg says "probably".

- 중앙일보. (2017. 08. 17). 日 맥주사 기린, AI가 맥주맛과 향 감별…브루마스터 사라지나?.

- 한국생산기술연구원 웹진. (2019. 07. 16). 인공지능과 로봇기술로 생기원형 스마트팜 만든다.

출판
셰익스피어급 문하생으로 육성하라

현재 테슬라에서 자율비행기술Autopilot 총책임자로 있는 카파시Andrej Karpathy는 2015년 자신의 블로그에 「이유는 알 수 없지만 너무나도 효율적인 순환신경망The Unreasonable Effectiveness of Recurrent Neural Networks」이라는 글을 올립니다. 이때까지만 하더라도 인공지능을 통해 구체적으로 어떤 일을 할 수 있을지는 명확하지 않았습니다. 당시 스탠퍼드대학교 박사과정에서 딥러닝을 연구 중이던 카파시는 재미삼아 인공지능에게 이런저런 데이터를 학습시킨 다음 인공지능이 어떤 결과를 출력하는지를 실험했는데, 그 실험에 사용된 데이터 중 하나가 바로 '글'이었습니다. 인공지능이 글도 쓸 수 있을지를 실험해 본 것 입니다.

카파시는 셰익스피어의 글은 물론이고 위키피디아, 수학 논문, 컴퓨터 코드 등 다양한 형태의 글을 단어가 아닌 알파벳 단위로 학습시켰습니다. 학습을 마친 인공지능이 쓴 글은 희곡, 위키피디아, 수학 논문, 컴퓨터 코드가 갖추어야 할 대부분의 형식을 갖추고 있어서 대충 봐서는 그것이 인공지능이 쓴 글인지 구분하기가 어려웠습니다.

이로부터 대략 4년이 지난 2019년 2월, 카파시가 연구원으로 몸담기도 했던 오픈에이아이의 블로그를 통해 한 편의 글과 논문이 공개됩니다. 첫 문단은 이렇게 시작됩니다.

"인공지능 GPT-2에게 인터넷에 올려진 글 40기가바이트를 학습시킨 다음 단순하게 앞 단어 다음에 어떤 단어가 나오면 좋을지를 예측하게 했을 뿐인데, 악용될 소지가 우려될 정도로 성능이 너무 좋아서 학습된 모델을 공개하지 않기로 했다."

GPT-2는 무려 8백만 웹페이지의 글을 학습하고 15억 개의 파라미터를 갖고 있는 글쓰기 인공지능입니다. 이 인공지능이 하는 일은 매우 단순해서 그냥 앞 단어 다음에 어떤 단어가 나오면 좋을지를 예측하는 것입니다. 예측력이 좋은 글쓰기 인공지능을 만들기 위해서는 어떤 글을 학습시키느냐가 매우 중요한데, 글의 품질을 일정 수준 이상으로 유지하기 위해서 사람이 검수한 글만을 학습 재료로 사용했고 특히 레딧 reddit.com에서 카르마라는 투표 점수를 최소 3점 이상 받은 글만을 선정했습니다.

이 인공지능이 작동하는 방식은 이렇습니다. 인간이 '프롬프트prompt'라고 불리는 일종의 제시문을 던져줍니다. 그러면 인공지능이 그것을 받아서 글 전체를 완성합니다. 이는 마치 조선시대의 과거 시험이나 오늘날의 대입 논술고사를 떠올리게 합니다. 일정한 제시문이 주어지면 응시자가 이에 대한 답을 쓴다는 점에서 매우 흡사합니다. 실제로 인공지능이 제시문을 받아 완성한 글은 아래와 같습니다.

- 인간이 쓴 제시문

In a shocking finding, scientist discovered a herd of unicorns living in a remote, previously unexplored valley, in the Andes Mountains. Even more surprising to the researchers was the fact that the unicorns spoke perfect English.

- 기계가 완성한 글

The scientist named the population, after their distinctive horn, Ovid's Unicorn. These four-horned, silver-white unicorns were previously unknown to science.

Now, after almost two centuries, the mystery of what

sparked this odd phenomenon is finally solved.

Dr. Jorge Pérez, an evolutionary biologist from the University of La Paz, and several companions, were exploring the Andes Mountains when they found a small valley, with no other animals or humans. Pérez noticed that the valley had what appeared to be a natural fountain, surrounded by two peaks of rock and silver snow.

Pérez and the others then ventured further into the valley. "By the time we reached the top of one peak, the water looked blue, with some crystals on top," said Pérez.

Pérez and his friends were astonished to see the unicorn herd. These creatures could be seen from the air without having to move too much to see them – they were so close they could touch their horns.

While examining these bizarre creatures the scientists discovered that the creatures also spoke some fairly regular English. Pérez stated, "We can see, for example, that they have a common 'language,' something like a dialect or dialectic."

Dr. Pérez believes that the unicorns may have originated in Argentina, where the animals were believed to be descendants of a lost race of people who lived there before the arrival of humans in those parts of South America.

While their origins are still unclear, some believe that perhaps the creatures were created when a human and a unicorn met each other in a time before human civilization. According to Pérez, "In South America, such incidents seem to be quite common."

However, Pérez also pointed out that it is likely that the only way of knowing for sure if unicorns are indeed the descendants of a lost alien race is through DNA. "But they seem to be able to communicate in English quite well, which I believe is a sign of evolution, or at least a change in social organization," said the scientist.

이것을 한국어로 번역하면 다음과 같습니다.

• 인간이 쓴 제시문

충격적인 소식입니다. 과학자들이 이전에는 탐험되지 않은 안데스 산맥의 깊숙한 곳에서 한 무리의 유니콘을 발견했습니다. 더 놀라운 것은 유니콘이 완벽한 영어를 구사한다는 것입니다.

• 기계가 완성한 글

과학자들은 이 유니콘의 특이한 뿔 모양을 따서 오비드 유니콘이라 이름 붙였습니다. 네 개의 뿔을 가진, 은빛과 흰빛이 뒤섞인 유니콘들은 이전에는 과학자들에게 알려져 있지 않았습니다.

그러나 거의 2세기가 지난 지금, 이 이상한 현상을 촉발시켰던 미스테리들이 마침내 풀렸습니다.

라파즈대학교의 진화생물학 박사 호르헤 페레즈와 연구원들은 안데스 산맥의 작은 계곡을 탐험 중이었는데, 다른 동물이나 사람은 보이지 않았습니다. 페레즈 박사는 그 계곡에 자연 분수가 있다는 것을 알아차렸는데, 그 분수는 두 개의 뾰족한 바위와 은빛 눈으로 둘러쌓여 있었습니다.

페레즈와 다른 사람들은 계곡 아래로 탐사를 했습니다. "한 봉우리의 정상에 올라서 보니, 물은 푸른 빛이었고 물 위에는 결정체들이 떠 있었다"라고 페레즈는 말했습니다.

페레즈와 친구들은 유니콘 무리에 압도당했습니다. 그들의 뿔을 만질 수 있을 정도로 가까이 있어서 많이 움직이지 않고서도 이 생명체들을 볼 수 있었습니다.

이 괴상한 생명체들을 관찰하다 보니 과학자들은 이 생명체가 제법 표준적인 영어를 구사한다는 것을 발견했습니다. 페레즈 박사는 "이 생명체들은 그들 나름의 방언이나 사투리 같은, 뭔가 공통적인 '언어'라고 할 만한 것을 갖고 있는 것으로 보입니다"라고 말했습니다.

페레즈 박사는 이 유니콘이 오늘날의 인간이 살기 전에,

지금은 사라진 인종의 후손이라고 여겨지는 동물들이 살았던 남아메리카 지역, 그러니까 오늘날의 아르헨티나에서 기원했다고 믿습니다.

그 기원은 여전히 불확실하지만, 일부 사람들은 이 생명체가 인간과 유니콘이 인간 문명이 시작되기 전에 만났을 때 생겨났다고 믿습니다. 페레즈에 따르면 "남아메리카에는 이런 사례가 제법 흔합니다."

그러나 한편으로 페레즈 박사는 정말로 그 유니콘들이 사라진 외계종의 후손인지를 판단할 수 있는 유일한 방법은 DNA 검사뿐이라고 지적합니다. "유니콘들은 영어로 의사소통을 할 수 있는 것으로 보이는데, 제가 보기에 이것은 진화 또는 최소한 사회적 조직에서 변화해 왔다는 증거입니다"라고 과학자는 말했습니다.

정말 너무나 놀라워서 입을 다물 수 없는 지경입니다. 뭐라고 말해야 좋을지 어안이 벙벙합니다. 인공지능은 이야기를 이끌어가는 '페레즈 박사'라는 인물을 만들었고, 진화생물학자라는 직업까지 설정했습니다. 또한 페레즈 박사의 대화 내용은 진화생물학자가 아니면 알 수 없을 것 같은 전문적인 내용입니다. 공상과학 소설의 설정으로 손색이 없는 '영어를 구사하는 유니콘'에 대해서도 인과관계가 흐트러지지 않게 이야기를 발전시켰습니다.

놀라운 것은 인공지능이 페레즈 박사라는 인물을 만들 '의도'나 그의 직업을 진화생물학자로 설정할 '의도'를 갖고 있지 않다는 점입니다. 영어를 구사하는 유니콘이 글 내부에서 문맥에 맞게 인과관계를 갖도록 설정할 의도는 더더욱 갖고 있지 않습니다. 이처럼 인공지능은 '작가의 의도'를 전혀 갖고 있지 않은 채로 그저 앞에 나왔던 단어 다음에 어떤 단어가 나오면 좋을지를 확률적으로 계산하는 일을 반복했을 뿐인데도 '의도를 갖고 글을 읽는 인간'이 보기에 꽤나 그럴듯하고 구성진 글이 만들어졌다는 것을 어떻게 이해하면 좋을지 말문이 막혀 버립니다. 이쯤 되면 인간의 글쓰기가 앞말과 뒷말 사이에 가장 높은 확률로 어울릴 만한 단어를 찾아내는 계산 과정은 아니었을지에 대해 역으로 검증을 해야 하는 상황입니다.

아주 미세하게나마 어색하게 느껴지는 부분이 있긴 하지만, 이 정도면 수준급의 글쓰기라고 하지 않을 수가 없습니다. 글이 전개되는 내용의 흐름이 상당히 매끄럽기 때문에 기계가 썼다는 것을 알려주지 않았다면 이것이 기계의 글이라는 것을 알아차렸을 가능성은 거의 없어 보입니다. 여러분과 기계가 동시에 백일장에 응모했는데 위와 같은 제시문이 주어졌다고 생각해 보시길 바랍니다. 과연 여러분은 인공지능보다 더 그럴듯한 이야기를 창작할 수 있었을까요?

셰익스피어는 펜을 잡았을까 인공지능을 잡았을까

앞으로 소설을 쓰는 방식은 이렇게 바뀔지도 모릅니다. 인간이 아주 간단한 아이디어를 한두 줄 제시하면 기계가 그것을 토대로 내용을 발전시켜 한두 페이지 분량으로 이야기를 전개시킵니다. 인간 작가는 이것을 읽어보고 내용이 마음에 들면 그대로 채택하고 내용이 마음에 들지 않으면 내용을 조금 수정하거나 아예 새로운 글을 순식간에 다시 출력시킵니다(위에서 예시로 나온 인공지능의 글은 열 번째 시도만에 나온 글입니다). 그리고 기계가 출력한 내용에서 새로운 영감을 받아 다시 새로운 제시문을 한두 줄 추가합니다. 그러면 기계가 그것을 받아 또 다시 한두 페이지 정도 내용을 전개시킵니다. 이 과정을 30번 정도 반복하면 단편소설 한 편은 뚝딱 써낼 수 있습니다.

이렇게 완성된 글을 사람이 썼다고 할 수 있을까요? 아니면 기계가 썼다고 해야 할까요? 어느 한 쪽으로 공을 돌리는 것은 바람직해 보이지 않습니다. 기계는 사람의 글을 통해 글쓰기를 배웠고, 사람은 기계를 통해 글을 더 빠르고 효율적으로 완성했습니다. 기계와 인간은 이처럼 협력적 관계를 형성하고 있으며, 정확하게는 기계의 계산능력이 인간의 창의성을 증강시키는 구도를 형성합니다. 인공지능은 글쓰기 재주가 빵점인 사람을 톨스토이나 셰익스피어로 만들어 줄지도 모릅니다. 그게 좋은 것인지 나쁜 것인지는 모르지만 말입니다.

"셰익스피어가 작품을 집필할 당시 그의 책상 위에 만년필과 인공지능이 놓였다면 과연 그는 무엇을 집었을까요?"

최신 화학 교과서 집필의 적임자

스프링거Springer는 논문이나 과학도서를 전문으로 펴내는 출판사입니다. 아마도 대학원생들에게는 친숙한 이름일 것입니다. 이 회사가 출간하는 학술 저널만해도 2천 9백 종이 넘고 단행본으로 따지면 30만 종에 이르는 과학 도서를 출간했습니다. 자연과학은 물론이고 사회과학에 이르기까지 거의 전 학문 영역을 다루는 그야말로 과학도서계의 강자입니다.

이 전통 출판기업이 인공지능을 통한 혁신을 시도했는데 그 결과물을 2019년 2월 세상에 공개했습니다. 인공지능에게 『리튬 이온 배터리Lithium-Ion Batteries』라는 제목의 화학 교과서를 집필하게 한 것입니다. 이 책의 표지에는 저자 이름 대신에 보란듯이 '기계가 정리한 최신 연구 흐름A machine-Generated Summary of Current Research'이라는 부제가 달려있습니다. 이제 저자가 없어도 교과서를 만들 수 있는 시대가 된 것입니다.

너무 충격적이지만, 마음을 가라앉히고 생각해 보면 스프링거라는 회사가 얼마나 똑똑한가를 깨닫게 됩니다. 교과서는 보수적일 수밖에 없습니다. 교과서에는 아직 불확실한 이야기를 담아서는 안 됩니다. 이미 학계 다수의 합의가 이루어

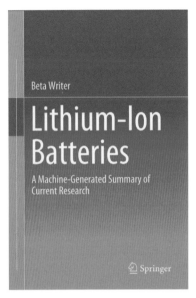

Beta Writer

Lithium-Ion Batteries

A Machine-Generated Summary of Current Research

Springer

인공지능이 저술한 화학 교과서
(Springer Nature)

져 정설로 받아들여진 이론들만 담아야 신뢰할 수 있기 때문입니다. 그러니까 교과서를 쓴다는 것은 창의적인 글쓰기라기보다 이미 알려진 사실을 정리하는 글쓰기에 가깝습니다. 지금까지 나와 있는 선행연구들을 긁어 모은 다음 가장 핵심적인 내용만 추려서 보기 좋게 배열하는 과정인 것입니다. 바꾸어 말하면, 방대한 데이터에서 핵심을 요약하는 일이고, 그래서 더더욱 인공지능에게 맡겨볼 만한 일입니다.

리튬이온 분야는 2018년 한 해에만도 5만 3천 건이 넘는 논문이 쏟아져 나올 만큼 발전 속도가 빠르기 때문에 해당 분야의 저명 학자라고 하더라도 변화하는 흐름을 모두 따라잡는 것은 쉬운 일이 아닙니다. 게다가 학자들은 저마다 자신의 연구 과제에 매달리고 있기 때문에 다른 사람들의 연구를 살펴보며 그것을 정리하여 교과서로 만들어 내기란 시간적으로 거의 불가능한 일에 가깝습니다.

스프링거는 이와 같은 문제를 해결하고자 독일 괴테대학교Goethe University의 응용계산언어학Applied Computational Linguistics 연구소와의 협력으로 최신 연구를 자동으로 정리하는 인공지능을 개발했습니다. '베타 작가Beta Writer'라는 이름을 가진 이 인공지능은 스프링거가 보유한 방대한 논문과 링크에서 리튬 이온과 관련한 내용을 골라내고 분석하고 요약하는 일을 하도록 개발되었습니다. 논문은 출판되기 전에 피어리뷰peer review라는 과정을 거치면서 일정한 형식을 따라 작성되기 때문에 인공지능의 좋은 학습 재료가 될 수 있습니다.

이 인공지능은 무려 270쪽이 넘는 분량의 책을 써냈는데, 이것은 스프링거링크SpringerLink라고 불리는 스프링거의 데이터베이스 시스템에 글의 유사도에 따라 정리된 논문들을 자동으로 학습하고 요약한 결과입니다. 인공지능은 자동으로 인용구에 하이퍼링크를 달아서 독자들이 바로 참고문헌을 볼 수 있도록 하고, 책의 서문, 목차, 참고문헌도 자동으로 생성합니다. 쏟아져 나오는 최신 연구를 일일이 살펴보기 어려운 연구자들로서는 기계가 그때그때 이렇게 정리해 준다면 연구 속도를 가속시킬 수 있습니다.

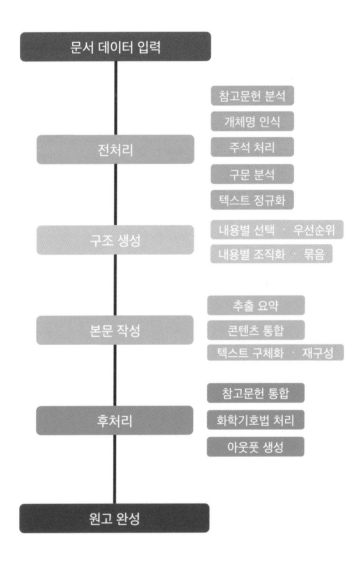

문서 데이터 입력

전처리
참고문헌 분석
개체명 인식
주석 처리
구문 분석
텍스트 정규화

구조 생성
내용별 선택 · 우선순위
내용별 조직화 · 묶음

본문 작성
추출 요약
콘텐츠 통합
텍스트 구체화 · 재구성

후처리
참고문헌 통합
화학기호법 처리
아웃풋 생성

원고 완성

인공지능 '베타 작가'가 『리튬이온 배터리』 저술에 사용한 시스템

스프링거의 책임자인 토마스Niels Peter Thomas는 학술도서의 출판전통에 비추어 볼 때 이것은 책의 제작과 소비의 미래를 제시한 것이라면서 "자연어 처리와 인공지능으로 인해 과학도서의 새로운 장이 열릴 것"이라고 했습니다. 데이터 관리를 맡고 있는 쇠넌베르거Henning Schoenenberger는 출판의 미래에 대해 아래와 같이 말했습니다.

"인간 저자가 쓰는 학술서는 앞으로도 계속 존재하겠지만, 인간과 기계가 협업하는 도서, 완전히 기계에 의해 저술되는 도서 등으로 나뉘게 될 것이다."

이 책의 서문에는 기계에 의해 저술된 첫 번째 책을 출간한 편집자의 고민도 담겨 있습니다. 편집자는 과연 이 책을 쓴 것이 알고리즘인지, 알고리즘을 만든 개발자인지, 그 알고리즘에 '리튬이온 배터리'라는 키워드를 넣고 관련 자료를 정리하게 한 편집자인지를 묻습니다. 그리고는 '과연 이 중에 합당한 저자가 있기는 한가?'라고 반문하기도 합니다. 그리고 나서 개발자와 편집자가 동시에 권한을 가질 수 있을 것 같다는 나름의 해답을 내놓습니다.

우리에게 이런 고민은 이제 시작에 불과합니다. 아직은 인공지능 상용화의 초기 단계이기 때문에 기술의 대중화가 이루어지지 않아 기술에 접근할 수 있는 거대 기업들부터 새로

Chapter 1
Anode Materials, SEI, Carbon,
Graphite, Conductivity, Graphene,
Reversible, Formation

1.1 Introduction

Lithium-ion batteries (Li-ion batteries) have been commonly used as power sources in consumer electronics including laptops, cellular phones, and full and hybrid electric vehicles because of their long cycling life, high energy capacity, and eco-friendliness [1, 47–49]. Considerable efforts have been devised to examine useful electrode materials for Li-ion batteries with long cycle life and high capacity [1]. Due to its high theoretical capacity (718 mAh g^{-1}), low cost, relative abundance [50–52], and environmental benignity, NiO has attracted considerable attention among multiple TMOs for Li-ion batteries [1]. Through solid-state thermolysis of Ni-MOF, porous NiO had been fabricated for Li-ion batteries and showed a high initial capacity of ~800 mAh g^{-1} at 100 mA g^{-1} [1, 53]. That NiO nanoflowers utilized as anodes for Li-ion batteries displayed a reversible capacity of 551.8 mAh g^{-1} at a current density of 100 mA g^{-1} after 50 cycles [54] had been indicated by Mollamahale and others [1]. Porous Co$_3$O$_4$/CNT composites were synthesized through the decomposition of ZIF-67/CNTs and revealed an excellent specific capacity of 813 mAh g^{-1} at a current density of 100 mA g^{-1} after 100 cycles, whilst that of pure Co$_3$O$_4$ had been just 118 mAh g^{-1} [1, 55]. Porous ZnO/ CNT composites derived from Zn-MOF/CNT precursors showed superior lithium-ion storage performance with a high reversible capacity of 419.8 mAh g^{-1} after 100 cycles at 200 mA g^{-1}, whilst the pure ZnO subsample had been ultimately stabilized with a capacity of less than 200 mAh g^{-1} [1, 56]. Introducing 1D CNTs into MOF-based NiO must be an efficient way to improve the lithium-ion transport and storage performance for Li-ion batteries [1].

The current commercial graphite carbon electrodes with a low theoretical capacity (372 mAh g^{-1}) indicate inferior rate performance and restricted energy capacity, particularly in the high-energy consuming applications [2]. That sort of research's

This book was machine-generated

© Springer Nature Switzerland AG 2019
Beta Writer, *Lithium-Ion Batteries*,
https://doi.org/10.1007/978-3-030-16800-1_1

1

인공지능이 쓴 『리튬이온 배터리』 1페이지

운 시도를 하고 있지만, 만약 이 기술이 대중화되어 오늘날의 워드나 파워포인트처럼 보급된다면, 필요한 책이 있을 때 인공지능을 통해 각자 책을 만드는 시대가 올 것입니다. 물론 스프링거처럼 양질의 데이터를 갖고 있는 쪽과 그렇지 않은 쪽의 격차에 따라 콘텐츠의 품질 차이가 나겠지만, 요즘 유행하는 구독 서비스를 통해 스프링거 같은 기업의 데이터베이스 접근권을 얻을 수 있다면, 개인도 얼마든지 원하는 키워드로 자신만의 책을 인공지능에게 만들어 달라고 의뢰할 수 있습니다. 저는 앞으로의 변화에 대해 이렇게 말하고 싶습니다.

"우리 선조들이 사용했던 '펜' 끝에서는 '잉크'가 나왔지만 우리 후대들이 사용할 '알고리즘'에서는 '글'이 쏟아져 나올 것이다."

이 책의 편집자는 오늘날의 인공지능이 가진 한계를 명백하게 드러내고자 하는 취지에서 기계의 실수도 전혀 손대지 않고 그대로 출판했다고 썼습니다. 인공지능의 요약 능력이 아직 불완전하고 문체나 문법에 있어서는 여전히 많은 문제점을 갖고 있지만 이것이 기계 저술에 의한 역사상 최초의 작업물이라는 점에서 기계의 실수를 그대로 드러내는 것이 의미가 있다고 판단한 것입니다.

변화의 물꼬는 이미 트였습니다. 아직은 미세한 균열에 불과하지만 철옹성 같던 댐은 결국 터지고 말 것입니다. '창작물'은 오늘날의 국어사전에는 '사람의 정신적 노력에 의한 산물을 통틀어 이르는 말'로 정의되어 있지만 20년 뒤 국어사전에는 '기계의 계산에 의한 산물 또는 인간과 기계가 협력하여 생산한 것을 통틀어 이르는 말'이라는 정의가 병기되어 있을지도 모릅니다. 이것은 슬퍼해야 할 일도 기뻐해야 할 일도 아닙니다. 그저 그렇게 변해갈 뿐입니다. 다만 여러분이 이런 변화를 어떤 태도로 변화를 수용하느냐에 따라 위기가 될 수도 있고 기회가 될 수도 있을 것입니다.

참고문헌

■ Karpathy, A. (2015). The unreasonable effectiveness of recurrent neural networks. Andrej Karpathy blog, 21.

■ OpenAI. (2019. 02. 14). Better Language Models and Their Implications.

■ Springer Nature Group. (2019. 04. 02). Springer Nature publishes its first machine-generated book.

좌절하지 말고 올라타라

인공지능의 능력을 보고 있으면 좌절감이 클지도 모릅니다. 기계가 못 하는 것이 없어보이고 도대체 내가 무엇으로 기계를 이길 수 있을지 감이 잡히지 않기 때문입니다. 그러나 걱정하지 마시길 바랍니다. 기계와 인간의 경쟁은 기계가 인간을 '카피'하는 방식으로 이루어지고 있고 그것은 이번에도 마찬가지입니다.

다행히도 이 똑똑한 기계는 한편으로 바보 멍청이에 불과합니다. 스스로 무엇을 하겠다는 '의지' 같은 것을 갖고 있지 않기 때문입니다. 이 '똑똑한 바보'를 도구로 삼아 천재를 뛰어넘는 슈퍼 천재로 올라서는 것은 기계가 아니라 인간입니다. 그리고 그 슈퍼 천재는 바로 여러분 중에서 나오게 될 것입니다.

여러분이 해야 할 일은 분명합니다. 이 똑똑한 바보에게 어떤 일을 시키면 좋을지를 생각해야 합니다. 그 과정에서 새로운 직업이 쏟아져 나올 것이고 새 시대의 천재가 출몰할 것입니다. 좌절은 여러분의 목적지가 아닙니다. 조금 겁이 나더라도 서핑 보드에 올라타서 변화의 파도가 주는 스릴을 즐겨보기 바랍니다.

음악
아름다움을 계산시켜라

　일반적으로 어떤 음악이 창의적이거나 혁신적이라고 할 때, 그것은 절대적인 개념이 아닙니다. 창의성이나 혁신성은 다른 것과의 비교를 통해 드러납니다. 그것은 더 '나은 것'일 수도 있고 때로는 그저 '다른 것'일 수도 있습니다. 창의성은 흔히 '새로움'으로 이해되기도 하는데, 이 새로움이라는 개념 역시 비교 대상 없이는 성립하기 어려운 개념입니다.

　창의적이거나 혁신적인 결과들이 끊임없이 쏟아져 나올 수 있는 이유는 바로 이 개념이 상대적이기 때문입니다. 그리고 이 상대성 덕분에 시대별 또는 지역별로 유행이라는 것이 만들어집니다. 만일 창의성이나 혁신성이 절대적인 개념이라면 유행 같은 것은 아예 존재할 수조차 없습니다. 이렇듯 예술에서 말하는 새로움이나 창의성은 상대적 차이의 생성과 감상을 통해 달성되는데, 상대적 차이로부터 '미적 즐거움'을 느끼는 것이야말로 인간을 인간이게 하는 가장 큰 특징 중 하나입니다.

이처럼 창의성이 상대적 비교를 통해 달성되는 개념이라는 것은 인공지능 시대의 예술을 이해하는 데 있어서 중요한 단초를 제공합니다. 인공지능이 지금까지의 예술 작품과 상대적으로 '다른 것'을 생성할 수 있다면 그것은 곧 새로운 것을 생성한 것으로 이해될 수 있기 때문입니다. 만일 창의적인 예술을 만들어 내기 위해서 인간이 어떤 과정을 거치는지를 알아내고 이 과정을 기계도 거치게 할 수 있다면, 기계 역시도 창의적인 예술을 생산하는 주체가 될 수 있으리라는 전망을 갖게 됩니다. 이를 알아보기 위해 예술, 그중에서도 음악을 만들 때 인간이 어떤 과정을 거치는지에 대해 생각해 보겠습니다.

창의성, 익숙한 재료의 새로운 조합

여러분도 잘 아시다시피 인간의 창의성은 어느 날 하늘에서 뚝 떨어진 것도 아니고 어떤 천재적인 개인에 의해서 달성되는 마법도 아닙니다. 아무리 천재적으로 보이는 예술가일지라도 이전 세대가 이룩해놓은 업적이나 동시대의 라이벌 예술가의 작품을 학습한 다음, 그 재료들을 적절히 변형하고 비틀고 재조합하는 방식으로 자신만의 '새로움'을 만들어 냅니다. 이 이야기가 아직 확 와닿지 않는 분들을 위해서 음악가들이 작곡하는 과정을 비빔밥을 만드는 과정에 비유해서 설명해 보겠습니다.

비빔밥의 재료는 밥, 시금치, 호박, 상추, 양파, 버섯, 당근, 참기름, 계란, 고추장 등입니다. 이 재료는 만천하에 공개되어 있고 비빔밥을 만드는 누구나 이 재료를 사용합니다. 그런데 똑같은 재료를 사용해도 어떤 비율로 이 재료들을 배합하느냐에 따라 맛이 달라집니다. 만일 천 명의 요리사에게 동일한 재료를 주고 비빔밥을 만들라는 숙제를 낸다면 대체로 비슷하면서도 각기 다른 천 가지 맛의 비빔밥이 만들어질 것입니다. 각 요리사가 사용하는 재료의 비율이 다르기 때문입니다. 그런데 이상하게도 사람들은 이 중에서 특별한 비율로 재료가 혼합된 특정 비빔밥에 더 열광합니다. 그 집은 곧 맛집으로 소문이 나고 사람들은 그 요리사가 과연 어떤 비율로 재료들을 혼합했는지 그 '맛의 비밀'을 알아내기 위해 공부를 시작합니다. 혹독한 공부를 마친 다른 요리사들도 그것을 토대로 자신만의 맛의 비율을 찾는 일에 도전하고, 성공할 경우 또 하나의 대박 레시피가 탄생합니다.

음악에서 사용하는 일반적인 재료는 12개의 음입니다(물론 타악기처럼 음의 간격이 더 중요한 역할을 하는 경우도 있고,

지역에 따라서는 12음계가 아닌 다른 음계를 사용하기도 합니다). 이 재료들은 만천하에 공개되어 있고 누구나 이 재료를 사용합니다. 그러나 이 재료를 어떻게 조합하느냐에 따라 음악의 맛이 달라집니다. 사람들은 비빔밥과 마찬가지로 특정한 음의 조합을 더 선호합니다. 화성학과 평균율Equal temperament은 인간이 선호하는 음의 조합에 대한 가장 근본적 레시피입니다. 결국 작곡가들이 하는 일이란 이 음의 재료를 자신만의 비율로 적절히 조합해 내는 것입니다. 그런데 무턱대고 하는 것이 아니라 지금까지 사람들이 어떤 조합을 가장 좋아했는지를 알아내기 위해서 이미 그 일에 도전했던 선배 작곡가들의 작곡법(대박 맛집의 레시피)을 학습한 다음에 그것을 토대로 변화를 시도합니다.

지금까지 아주 대략적이게나마 인간 작곡가가 작곡을 하기 위해 거치는 과정을 살펴봤습니다. 이것을 통해 우리가 얻어낸 두 개의 키워드는 '학습'과 '재조합'입니다. 그런데 여러분도 아시다시피, 오늘날 딥러닝이라는 키워드로 잘 알려진 인공지능은 '학습'의 신입니다. 앞에서 소개한 여러 사례에서도 반복적으로 이야기한 것처럼, 인공지능은 주어진 데이터에 숨어있는 특징을 학습하는 일에서 '이유는 알 수 없지만 너무나도 우수한 성과'를 보이고 있으며, 자신이 학습한 것을 토대로 어떤 일을 처리할 수 있는 알고리즘을 스스로 생성하고, 학습의 재료가 더해질 때마다 그것을 반영해서 알고리즘을 스스로 업데이트합니다.

이것을 음악에 적용하면, 지금까지 인간이 만들어 놓은 음악을 제공하기만 하면, 인공지능이 인간의 개입없이 스스로 음악(음과 음 사이의 관계)을 '학습'한 다음, 이를 토대로 음악을 만들 수 있는 알고리즘(음들을 재조합해 내는 방법과 절차)을 스스로 생성합니다. 이런 과정을 거쳐 생성되는 음악에는 인간이 음악이라고 여길 만한 특징이 담겨 있는 동시에 기존의 음악과 완벽히 일치하지 않는, 즉 '새로운' 정보가 담겨있습니다.

만일 인공지능이 이런 과정을 거쳐 생성한 결과물이 인간이 듣기에도 그럭저럭 괜찮다면, 인공지능 역시 인간 작곡가와 같은 학습 역량을 갖추었다고 볼 수 있으며, 더 나아가 스스로 학습한 원리를 바탕으로 새로운 결과를 출력했다는 점에서 창의성을 갖추었다고도 볼 수 있습니다.

오늘날 인간은 이러지도 저러지도 못할 상황에 처해 있습니다. 기계가 창의적일 수 있다는 것에 완전히 동의하자니 어딘가 께름칙하고 자존심이 상하고, 그렇다고 완전히 아니라고 부정하자니 어딘가 찝찝하고 공정하지 못한 것 같은 생각이 들기 때문입니다. 여러분이 둘 중 어느 쪽에 표를 던지는가에 상관없이 인간 예술가들이 해 왔던 창의적 업무의 일부가 인공지능을 통해서 자동화되는 것을 목격하게 될 것입니다.

일부에서는 기계가 인간이 만들어 놓은 것을 학습한 다음에 그것을 기반으로 창작하였으므로 창의적이라고 볼 수 없다고 주장합니다만, 앞에서도 살펴본 것처럼, 인간 예술가도 이미 선배들이 이루어 놓은 업적을 학습한 다음에 그것을 변형하는 방식으로 자신의 예술을 꾸려 나간다는 점에서 인간 human creativity과 기계computational creativity가 근본적으로 다르다고 보기는 어려우며, 바로 이런 점에서 인공지능 시대의 예술은 오히려 인간의 예술과 창의성이 과연 무엇이었는지에 대해 다시 생각할 수 있는 기회를 제공합니다.

오픈에이아이의 뮤즈넷

야구선수가 되기 위해서 야구 연습을 하는 것처럼 작곡가가 되기 위해서는 작곡 훈련을 해야 합니다. 야구선수가 비슷한 궤적으로 날아오는 공을 하루에도 수백 개 쳐내는 훈련을 하듯 작곡가도 동일한 모티브motif를 어떻게 발전시키면 좋을지 수백 번 습작합니다. 사실 작곡이라는 것은 무에서 유를 만드는 것이 아니라 주어진 주제를 어떻게 변형시키고 발전시킬 것인가에 관한 문제입니다. 앞에서 살펴본 비빔밥의 사례처럼 1천 명의 작곡가에게 정확하게 동일한 2마디의 작곡 모티브를 제시하면 1천 개의 서로 다른 곡이 만들어지는 것은 바로 그런 이유에서입니다.

작곡가들의 연습 과정은 주로 모방으로부터 시작합니다.

유명 작곡가들의 곡을 모티브로 하여 '나라면 이것을 어떻게 발전시켰을까'하고 고민해 보는 것입니다. 작곡과 학생들은 베토벤, 모짜르트, 바하 등 유명 작곡가들의 특징을 학습하고 그들의 테마를 차용해서 작곡 연습을 합니다. 결과는 좋을 수도 있고 좋지 않을 수도 있습니다. 그러나 이 과정을 열심히 반복하다 보면 각 작곡가들의 특징을 제법 잘 살린 곡들을 쓸 수 있게 됩니다. 여기서 한발 더 나아가 각 스타일의 특징을 나만의 특급 레시피로 잘 섞어 내고, 감상자들이 그것에 환호한다면 비로소 나만의 스타일을 가진 독립적인 작곡가로 인정받게 됩니다.

오픈에이아이의 뮤즈넷MuseNet이 하는 일이 바로 이것입니다. 이 인공신경망에 작곡가들의 곡을 미디 파일의 형태로 입력시키면 인공신경망이 각 작곡가들의 스타일(특징)을 스스로 깨우칩니다(학습합니다). 이렇게 학습을 마친 인공신경망에게 몇 박 또는 한 마디 정도의 짧은 모티브를 제시하고 특정한 작곡가의 스타일로 작곡할 것을 주문하면 인공신경망은 놀랍게도 모티브를 스스로 발전시켜서 곡을 창작합니다. 이것은 음대생이 작곡법을 학습하고 이를 토대로 창작을 하는 과정과 거의 일치합니다. 작곡에 대해서는 아무것도 몰랐던 '비어 있는 인공신경망'이 유명 작곡가들의 곡을 학습함으로써 '음악을 작곡할 수 있는 지식 체계를 스스로 만들어 낸 것'입니다. 만일 작곡과 학생 1천 명이 참가하는 작곡 콩쿠르에 인공지능이 1,001번째 작곡가로 참여한다고 해도 참가자로서 전혀 문제가 될 게 없는 상황입니다.

인공지능이 스스로 학습할 수 있게 되었다는 점은 인간 예술가들에게 매우 뼈아픈 대목이자 새로운 가능성을 제시하는 대목입니다. 인간의 경우 학습량에 한계가 있기 때문에 이 세상에 존재하는 모든 음악을 다 공부하는 것은 불가능합니다. 또한 인간 작곡가에게는 개인의 취향이라는 것도 존재하기 때문에 자신이 좋아하는 스타일의 음악만 학습하게 되는 편향도 발생됩니다. 예술가 개인의 고유한 취향은 개성을 드러나게 해 주는 강력한 도구이기도 하지만 새로움에 대한 학습 가능성을 가로막는 방해 요인으로 작용하기도 합니다. 예를 들어 클래식 음악만을 선호하는 취향을 가진 학생은 팝 음악은 소홀히 다룰 가능성이 크고, 따라서 이 사람의 음악에 팝 음악의 요소들이 첨가될 가능성도 낮아집니다.

이에 비해 기계는 학습량에 대한 제한을 덜 받습니다. 기억 용량이 허락하는 한 기계는 거의 무한대로 학습할 수 있습니다. 데이터만 구할 수 있다면 인공지능은 지구 전체에 존재하는 민속 음악에서부터 클래식, 오늘날의 팝 음악에 이르기까지 인류 역사상 존재했던 모든 음악을 섭렵할 수 있습니다. 인간 음악가 중에 이렇게 할 수 있는 사람은 없다고 봐야 합니다.

게다가 인공지능에게는 취향이라는 것이 존재하지 않기 때문에 오히려 다양한 음악을 편견 없이 학습할 수 있고, 이것을 통해 인간들이 미처 조합해 보지 못한 음악을 인공지능을 통해서 조합해 볼 수 있습니다. 말하자면, 그동안 인간이 이룩한 음악적 자산의 활용도 면에서 볼 때, 인간보다 기계가 더 나을 수도 있다는 이야기입니다.

만일 앞으로 우주음악대회가 열려서 지구를 대표하는 음악을 새롭게 만들 작곡가를 뽑아야 한다면, 그 작곡가로 인간을 선택하는 게 좋을지 인공지능을 선택하는 게 좋을지를 두고 고민하지 않을 수 없게 될 것입니다.

뮤즈넷은 10가지 악기로 구성된 4분 분량의 곡을 창작하도록 디자인되었습니다. 오픈에이아이의 블로그에 공개된 결과물을 들어보면 우리가 지금껏 좋은 음악이라고 생각했던 기준에 흡족한 부분도 있고 미흡한 부분도 있습니다. 아직 선부르게 걱정하거나 과신할 필요는 없지만 기계가 음악을 학습하고 그것을 바탕으로 스스로 창작할 수 있게 되었다는 것을 확인하기에는 충분한 사례이며, 예술가와 예술계가 이런 변화를 좀 더 주의깊게 관찰해야 할 필요성을 역설하고 있습니다.

음악을 만드는 인공지능 뮤즈넷에 사용된 인공신경망은 앞서 언급했던 글쓰기를 하는 데 사용되는 GPT-2입니다. GPT-2는 정보가 시계열로 주어지는 데이터를 학습할 수 있도록 범용으로 개발되어서 미디 데이터와 같은 음악 데이터 뿐만 아니라 텍스트 데이터도 학습할 수 있습니다. 또 음악의 경우에도 미디로 한정되는 것이 아니라 웨이브와 같이 음파가 기록된 데이터를 학습할 수도 있습니다.

오늘날 과학은 예술가들에게 예술에 대한 새로운 이해를 할 수 있는 기회를 제공한다는 점에서 축복일 수도 있고 지금껏 우리가 알고 있던 예술에 대한 생각을 바꿔야 한다는 점에서는 재앙일 수도 있습니다. 과연 우리의 예술이 어디를 향하게 될지 기대와 우려가 교차합니다.

구글의 뮤직 트랜스포머

구글의 뮤직 트랜스포머Music Transformer에 대해 이야기를 하기에 앞서 잠시 음악에 있어서의 반복에 대해 생각해 보겠습니다. 일반적으로 "반복"은 '지루한 것'이나 '창의적이지 않은 것'으로 여겨지기도 합니다. 그러나 사람들이 좋아하는 음악을 뜯어보면 인간이 반복을 얼마나 사랑하는지를 깨닫게 됩니다. 음악에는 박자 단위는 물론이고 마디 단위, 프레이즈 단위, 1절과 2절처럼 좀 더 큰 단위에서도 반복이 발견됩니다. 그뿐만 아니라 몇 년의 시차를 두고 사조 전체가 복고 열풍을 타고 '반복'되기도 합니다. 요즘 팝 음악에서 많이 회자되는 '후크송' 역시 '반복'을 의미합니다. 반복이 전혀 없는 음악은 사람들이 오히려 노이즈로 인식할 가능성이 높으며, 작곡가 입장에서도 '반복되는 패턴'이 없이 곡을 쓰는 것이 더 어렵습니다.

이렇듯 음악을 만들 때 앞에 나왔던 정보를 어느 정도의 시간차를 두고 반복시킬 것인지 또 어느 정도의 변형을 가해서 반복시킬 것인지는 매우 중요한 문제입니다. 인간이라면 작곡가가 자신의 경험과 지식에 따라 직관적으로 이런 문제를 판단할 수 있지만 직관이라는 것을 갖고 있지 않은 기계의 경우에는 오로지 수학적 계산을 통해서 이런 문제를 해결해야 합니다.

따라서 음을 선택해야 하는 인공지능에게 어떤 계산식을 갖게 할 것인가는 매우 중요한 문제입니다. 만일 반복이나 패턴이 너무 적게 발견될 경우 난잡하게 들릴 가능성이 크고, 반복이나 패턴이 너무 많을 경우 지루하게 들릴 가능성이 큽니다. 그러므로 앞의 음들이 가진 특징이 적절한 간격을 두고 적절하게 변형된 형태로 반복되는 음을 출력할 수 있는 계산식을 스스로 만들 수 있는 인공신경망을 만들어 내야 합니다. 딥러닝을 연구하는 학자들은 이런 문제를 해결하기 위해서 여러 방법을 시도하고 있는데 그중 하나가 바로 LSTM이라는 학습법이며 구글의 뮤직 트랜스포머에도 변형된 LSTM이 사용되었습니다.

이 학습법으로 훈련된 인공신경망은 새로운 음을 출력하

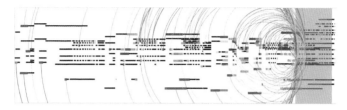

구글 뮤직 트랜스포머 (https://magenta.tensorflow.org/music-transformer)

기 전에 그 음의 앞에 놓인 여러 음들과의 관계를 계산하는데, 때로는 아주 멀리 있던 음long term과의 관계도 기억memory하고 때로는 아주 가까이 있던 음short term과의 관계도 기억memory해 두었다가 이 모든 관계를 적절히 반영한 최적의 음을 선택합니다. 매번 새로운 음을 출력할 때마다 이 과정을 반복하면 어느새 한 곡이 완성됩니다. 그야말로 알고리즘이 음들의 관계를 기억하고 계산하고 예측함으로써 작곡이라는 창의적 업무를 처리하는 것입니다.

구글의 블로그에는 뮤직 트랜스포머가 작곡한 피아노 곡이 공개되어 있습니다. 이 곡들을 듣고 있노라면 과연 이것이 인공지능이 작곡한 음악인가 하는 의심을 거두기 어려울 만큼 자연스럽고 현대적이고 몽환적이고 프로페셔널 합니다. 3~4년 전에 처음 시도되었던 프로젝트들과 비교하면 그 결과의 완성도가 크게 향상되었습니다. 이 연구를 진행한 과학자들이 "듣기에 별로"라고 판단하여 "실패한 샘플failure"로 따로 분류한 곡들조차, 최소한 제가 듣기에는, 너무나도 그럴듯했습니다. 저는 이 프로젝트에 대해 살펴보면서 이런 생각을 하게 됐습니다.

"인문학과 예술에서 누누이 강조해 온 인간의 고뇌, 심미성, 철학, 미학, 감정, 공감 같은 것은 눈곱만큼도 모르는 알고리즘이 그저 엄청난 양과 속도의 계산만으로 출력한 결과물로부터 어찌하여 나는 아름다움을 느끼는가?"

제목조차 붙어있지 않은, 게다가 인문학과 예술에서 누누이 강조해 온 인간의 고뇌, 심미성, 철학, 미학, 감정, 공감 같은 것은 눈곱만큼도 모르는 알고리즘이 그저 엄청난 양과 속도의 계산만으로 이렇게 아름다운 음악을 출력했다는 것을 생각하면 상실감과 충격이 밀려드는 것이 사실입니다. 그러나 다른 한편으로 예술이라는 것도 계산을 통해서 달성될 수 있다는 것을 실증적으로 보여준 '인간' 과학자들의 성취에서 새로운 가능성과 희망을 엿보기도 합니다.

시대마다 예술은 새롭게 탄생합니다. 그리고 그 기저에는 각 시대를 관통하는 가장 핵심적인 지식이 작용합니다. 과거에 그것이 종교였다면 오늘날 그것은 산업일 테고, 아마도 미래의 그것은 과학일 것입니다.

참고문헌

- Google Magenta. (2019. 09. 16). Music Transformer: Generating Music with Long-Term Structure.

- OpenAI. (2019. 04. 25). Musenet.

빨래는 기계가 해도 되는데
작곡은 기계가 하면 안 될까

빨래는 기계가 해도 되는데 작곡은 기계가 하면 안 될까요? 지금껏 작곡을 인간이 했던 이유는 기계가 작곡을 하면 안 되기 때문이 아니라 기계에게 작곡을 시킬 수 있는 방법을 몰랐기 때문입니다. 그런데 컴퓨터 과학자들이 딥러닝이라는 기계학습법을 만들어 내면서 기계도 작곡을 할 수 있게 되었습니다. 빨래가 귀찮다면 작곡도 귀찮기는 마찬가지입니다. 작곡을 할 줄 아는 기계를 옆에 두고 구태여 내가 해야 될 이유가 무엇인지 되물어야 하는 시점입니다.

작곡만이 아닙니다. 주식 투자, 암 진단, 판례 분석, 임신, 신약 개발, 유전체 분석, 천체 분석, 입자물리 등 그동안 가장 전문적인 동시에 창의성이 요구된다고 여겨졌던 예술과 과학의 수많은 문제들이 기계를 통해서 자동화되고 있습니다. 창의적인 일을 인간만 하는 시대는 서서히 저물고 있습니다.

미술
새로운 예술을 발명케 하라

　적당한 표현을 찾다보니 '미술'이라는 제목을 붙였습니다만, 아마도 '시각과 관련한 거의 모든 예술'이라는 표현이 더 적합할지도 모르겠습니다. 최근 딥러닝 기술은 회화, 디자인, 영상 등의 영역에 포괄적으로 접목되고 있기 때문입니다.

　더욱 주목해야 할 것은 딥러닝을 통한 접근방식이 과거의 그것과 크게 달라서 과거의 방식으로는 이 변화가 쉽게 이해되거나 받아들여지지 않는다는 것입니다. 따라서 과거의 방식으로 예술을 배운 사람들에게는 이 낯선 방식의 변화가 달갑지 않을 수도 있습니다. 오히려 예술에 대해서 훈련받은 적이 없는 일반인이 새로운 기술을 통해 새로운 방식의 예술을

인공지능이 생성(또는 창작)한 이
세상에 존재하지 않는 사람의 얼굴
(Razavi et al., 2018)

시작할 가능성이 높아 보입니다.

캐릭터 창작의 자동화

위에 보이는 사진 속 인물들은 실제로 존재하는 사람들이 아닙니다. 이 사람들은 인공지능이 '만들어 낸' 가상의 존재입니다. 말하자면 컴퓨터가 '캐릭터를 창작'한 것입니다. 그것도 이모티콘이나 캐리커처와 같이 중요한 특징만 잡아서 강조하는 방식이 아니라 사람 얼굴의 구체적 특징이 모조리 살아있는 그야말로 '사람의 얼굴' 자체를 창작해 냈습니다. 인종, 머리색, 눈색, 성별, 연령, 얼굴의 대칭성 등 우리가 일반적으로 사람을 인지할 때 사용하는 특징들이 적절하게 표현되어 있어서 이 이미지를 보는 누구라도 '사람'이라고 생각하지 않을 도리가 없습니다. 튜링테스트 같은 것은 진작에 끝난 이야기인지도 모릅니다.

게다가 인공지능은 이런 캐릭터를 무한대로 창작할 수 있습니다. 이 일을 처리하는 데 걸리는 시간은 불과 몇 초도 되지 않기 때문에 '캐릭터를 창작'하는 것을 '창작력'의 기준으로 삼는다면, 기계가 인간에 비해서 창작력이 뛰어나다고도 볼 수 있습니다. 새로운 캐릭터를 창작하는 일은 디자이너나 화가의 일이었다는 점에서 이 과정 자체가 인공지능에 의해 자동화될 수 있다는 것은 충격이 아닐 수 없습니다. 어느새 인공지능의 계산computational creativity에 의한 창작의 자동화automation of creativity가 현실이 되어가고 있습니다.

도구가 바뀌면 예술을 하는 방법도 바뀌기 마련입니다. 새로운 인물을 창작하는 일을 한다고 가정해 보겠습니다. 1천 년 전 화가가 가진 도구는 붓, 물감, 종이뿐이었습니다. 이 화가는 사람의 모습을 열심히 공부해야 했습니다. 얼굴의 비율을 직접 파악하고 그것을 종이에 옮겨 그리는 법을 연구해야 했습니다. 다빈치가 한 일이 바로 이것입니다. 그런 다음에는 물감을 풀어 색을 표현하는 방법과 붓의 사용법도 훈련해야 했습니다. 정말이지 지난한 훈련의 연속입니다. 이 모든 과정을 마치고 나면 그제서야 겨우겨우 새로운 캐릭터를 하나 그려낼 수 있었습니다.

그런데 카메라와 소프트웨어가 등장하고 난 다음에는 사정이 달라졌습니다. 이제 화가들은 사람의 얼굴 비율을 일일이 공부하는 대신에 카메라 셔터를 누르기 시작했습니다. 그러면 카메라가 사람의 얼굴 비율을 그대로 잡아냅니다. 또 물감 사용법을 일일이 공부하는 대신에 소프트웨어 사용법을 공부하고 '복사하기와 붙여넣기' 방식으로 화면 위의 픽셀을 이리저리 편집함으로써 새로운 캐릭터를 창작합니다.

놀랍게도 오늘날의 인공지능은 화가들이 오랜 역사에 걸쳐 수행했던 이 모든 창작 과정을 자동화하고 있습니다. 이제 화가가 새로운 캐릭터를 창작하기 위해서 얼굴의 비율을 공부하거나 물감의 사용법을 공부하거나 포토샵과 같은 소프트웨어의 사용법을 반드시 공부해야 하는 것은 아닙니다. 천재적인 학습자인 인공지능이 우리를 대신해서 이 모든 과정을 스스로 학습하고 창작하기 때문입니다.

여러분이 영화의 CG를 담당하고 있다고 상상해 보시길 바랍니다. 그리고 올림픽 경기장을 가득 메운 1만 명의 관중을 표현해야 한다고 가정해 보시길 바랍니다. 방법은 몇 가지가 있을 것입니다. 상당한 비용을 치르고 1만 명의 엑스트라를 동원할 수도 있고, 그래픽 디자이너 100명을 고용해서 3개월의 철야작업을 걸쳐 1만 명의 얼굴을 그릴 수도 있고, 인공지능을 통해 불과 수분 내에 1만 명의 얼굴을 뚝딱 만들어 낼 수도 있습니다. 여러분이라면 어떤 방법을 택하시겠습니까?

아직까지는 기술 발전의 초기 단계이기 때문에 '사람 얼굴'에 국한되어 연구가 이루어지고 있지만 앞으로 인간의 몸통, 다른 동물, 자연의 형상 등으로까지 후속 연구가 확장될 것이고, 결국에는 '인간 연기자'의 출연 없이도 '실사 영화'를 제작할 수 있게 될 것입니다. 그것이 10년 후가 될지 20년 후가 될지는 알 수 없지만, 오늘날의 예술이 과학을 등에 업고 그 방향으로 한발 내딛었다는 것을 부정하기는 어려워 보입니다.

기술이 발전함에 따라 예술가의 역할이 과연 무엇일지에 대한 고민도 깊어만 갑니다. 예전 화가들이 캐릭터를 만들어 내는 일 자체에 많은 힘을 소진했다면 이제는 인공지능이 무한대로 창작해 내는 캐릭터를 가지고 과연 무엇을 할 수 있을지에 대해 고민을 시작해야 합니다.

특징 조합의 자동화

여러분은 여기서 질문이 생길 것입니다. 과연 인공지능이 이 세상에 존재하지 않는 상상의 동물도 그려낼 수 있을까? 인간 화가들은 용, 반인반수, 인어, 사이보그와 같이 실제로 자연에는 존재하지 않는 상상 속의 동물을 창작해 냈습니다. 그런데 가만히 들여다보면 인간 화가들이 창작한 상상의 생서로 다른 물체지만 형체가 유사한 경우 인공지능은 이를 인식할 수 있다 (Aberman et al., 2018)

명체들도 자연에 이미 존재하는 원형을 이리저리 조합한 것에 불과하다는 것을 알 수 있습니다.

다시 말해 천재적인 화가들조차도 무에서 유를 만들어 낸 것이 아니라 자연에 이미 존재하는 재료를 적당한 비율로 '복사해서 붙여넣기'를 한 것입니다. 예를 들어 용은 낙타, 토끼, 뱀, 사자, 물고기 등을 적당한 비율로 조합해서 만들었고 인어는 사람과 물고기를 반반씩 조합해서 만들었고 공상과학 영화에 자주 등장하는 에일리언은 파충류와 공룡의 특징을 적절히 조합해서 만들었습니다. 그렇다면 인공지능도 이런 일을 할 수 있을까요?

위에 보이는 그림을 보시길 바랍니다. 고양이와 사자, 비행기와 새의 그림입니다. 고양이와 사자는 분명히 다른 동물이지만 이들이 취하고 있는 자세는 상당히 닮아 있습니다. 비행기와 새 역시도 마찬가지로 분명히 다른 물체이지만 그 형태는 매우 흡사합니다. 인공지능은 이처럼 서로 다르지만 닮은 두 그림에서 공통적 특징점을 찾아내고 그 특징점을 중심으로 두

서로 다른 이미지의 공통적 특징점을 인식해 조합한 경우 (Aberman et al., 2018)

이미지를 원하는 비율에 따라 자연스럽게 조합할 수 있습니다.

위 그림은 인공지능이 이런 방법으로 동물을 만들어 낸 결과입니다. 뿔 달린 사슴과 코알라의 얼굴을 적절하게 조합한 결과 '뿔 달린 코알라'라는 이 세상에 존재하지 않는 동물이 탄생했습니다. 얼룩말과 뿔 달린 사슴을 조합한 결과 몸통은 얼룩말이되 얼굴과 뒷다리는 사슴인 동물이 만들어졌습니다. 옛날 우리 선조들이 용이라는 상상의 동물을 처음 만들었을 때 인공지능을 사용한 것은 아닌지 의심이 들 지경입니다.

이것은 하나의 사례일 뿐, 이 원리를 활용해서 이 세상에 존재하지 않았던, 인간이 한 번도 본 적 없는 생명체를 무한

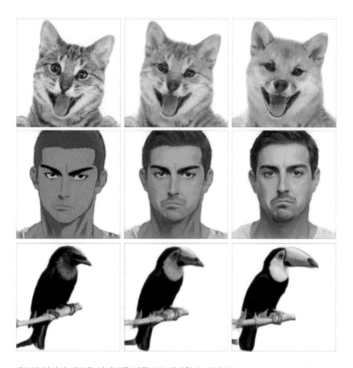

재료만 있다면 새로운 이미지를 자동으로 생성할 수 있다 (Aberman et al., 2018)

대로 만들어 낼 수 있습니다. 여러분이 〈쥬라기 공원〉과 같은 공상과학 영화의 그래픽 디자이너고 이 세상에 존재하지 않았던 상상 속의 동물 1천 마리를 새롭게 디자인해야 하는 일을 맡았다고 상상해 보시길 바랍니다. 아마도 여러분은 머리를 쥐어짜내느라 그야말로 창작의 고통에 시달리게 될 것입니다. 그러나 인공지능은, 여러분이 원하기만 한다면, 이 창작의 과정을 자동화할 수 있습니다.

재료 이미지가 꼭 사진이어야 할 필요도 없습니다. 그것이 만화이건 사진이건 두 그림 사이에 유사한 특징을 공유한다면, 두 가지 이미지가 조합된 새로운 결과물을 출력할 수 있습니다. 앞쪽의 그림 두 번째 줄의 맨 왼쪽은 만화 〈슬램덩크〉의 주인공 강백호의 얼굴 그림이고 맨 오른쪽은 그 얼굴의 표정을 흉내 낸 남자의 얼굴 사진입니다. 이 두 이미지의 특징을 조합하니 만화도 아니고 사진도 아닌 묘한 느낌의 가운데 결과가 출력되었습니다. 만일 이런 결과물을 원형으로 해서 영화를 제작한다면 애니메이션도 아니고 실사영화도 아닌, 그동안 우리가 경험하지 못했던 '실사메이션'이라는 장르를 탄생시킬 수도 있습니다.

예술에서 '어떻게 섞을 것인가'라는 문제는 인공지능에 의해 자동화될 수 있다는 것이 여러 사례를 통해 증명되고 있습니다. 물론 아직 그 품질 면에서 개선의 여지가 많지만, 원리적 관점에서 보면 해결의 실마리는 하나씩 풀리고 있다고 보아야 할 것입니다. 특히 인공지능은 '섞임 비율'을 자유자재로 조절할 수 있기 때문에 어떻게 섞으면 좋을지 고민할 필요 없이 조합의 비율을 달리 해서 무한대로 출력해 보고 마음에 드는 것을 고르기만 하면 됩니다. 따라서 예술가는 '어떻게'에 보다 '무엇을'에 더 집중하는 것이 바람직할 것으로 생각됩니다. 섞임의 재료를 '무엇'으로 하느냐에 따라 인공지능이

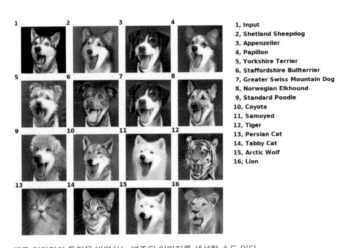

1, Input
2, Shetland Sheepdog
3, Appenzeller
4, Papillon
5, Yorkshire Terrier
6, Staffordshire Bullterrier
7, Greater Swiss Mountain Dog
8, Norwegian Elkhound
9, Standard Poodle
10, Coyote
11, Samoyed
12, Tiger
13, Persian Cat
14, Tabby Cat
15, Arctic Wolf
16, Lion

재료 이미지의 특징을 반영하는 변주된 이미지를 생성할 수도 있다

지금껏 인간이 본 적 없는 시각적 즐거움을 제공할 수 있기 때문입니다.

이런 일도 생각해 볼 수 있습니다. 의뢰인이 '개가 입을 벌리고 있는 사진'과 '호랑이의 평상시 얼굴 사진'을 재료 이미지로 제시하면서 호랑이의 표정을 개가 입을 벌리고 있는 것처럼 바꿔달라고 요청했습니다. 이런 경우 디자이너들은 개의 사진과 호랑이의 사진을 비교한 다음 중요한 특징점을 잡고, 그 특징점을 중심으로 호랑이의 얼굴 표정을 개의 표정과 흡사한 비율로 변형합니다.

인공지능도 인간과 비슷한 방식으로 개의 표정과 호랑이의 얼굴을 학습한 다음, 호랑이의 표정을 개의 표정과 비슷한 형태로 변형시킬 수 있습니다. 게다가 인공지능은 여러 동물의 얼굴 표정을 무한대로 학습할 수 있기 때문에 호랑이뿐만 아니라 비슷한 얼굴 특징을 공유하는 동물이라면 종류에 상관없이 일을 처리할 수 있습니다.

앞쪽의 그림은 인공지능에게 입을 벌리고 있는 개의 그림(1번)을 보여주고 나서 그것을 토대로 다른 동물들이 비슷한 표정을 짓고 있는 그림을 만들게 한 결과입니다. 인공지능은 1번 그림의 특징과 여러 가지 동물의 얼굴 특징을 조합해서 각각의 동물이 입을 벌리고 있는 사진(2~16번)을 즉각적으로 만들어 냈습니다. 그것이 무엇이 되었든 여러분이 원하는 표정의 사진을 넣기만 하면 그 표정을 지은 여러 가지 동물 사진을 출력합니다.

특징에 따른 이미지의 조합은 '질감'에서도 그 위력을 발휘합니다. 다음 쪽의 그림은 '과거의 병사'에게 '미래의 방패'를 들게 한 과정을 보여줍니다. 과거의 병사가 그려진 그림과 〈어벤저스〉의 주인공인 캡틴 아메리카가 들고 다니는 방패는 그 질감에서 확연한 차이를 갖습니다. 따라서 방패를 그대로 복사해서 붙여넣을 경우 어색하기 짝이 없는 그림이 됩니다. 그런데 인공지능에게 방패의 질감을 병사의 질감과 유사하게 바꾸도록 했더니 아주 감쪽같은 그림이 되었습니다. 마치 처음부터 그렇게 그려진 것처럼 보입니다.

특징을 잡아서 그리는 그림 하면 빠질 수 없는 것이 바로

인공지능은 그림의 질감도 유사하게 조합할 수 있다
(Luan et al., 2018)

캐리커처입니다. 인간 화가들은 사람의 얼굴에서 가장 뚜렷한 특징을 포착한 다음 좀 더 과장되거나 부풀려 표현하는 방식으로 캐리커처를 그립니다. 감상자들은 이렇게 '특징을 부각'해서 그린 그림을 통해 풍자, 익살, 해학, 조롱과 같은 해석의 즐거움을 경험합니다.

　다음 쪽의 그림은 인공지능이 사람의 얼굴 캐리커처에 도전한 결과입니다. 맨 왼쪽 열이 재료가 된 사람의 얼굴 사진이고, 두 번째 열이 인간 화가가 그린 그림이고, 세 번째와 네

| 모델 | 화가의 수작업 | 인공지능(a) | 인공지능(b) |

인물의 특징을 잡아내는 캐리커쳐도 인공지능은 훌륭히 그려낸다
(Cao et al., 2018)

번째 열이 인공지능이 그린 캐리커처입니다. 화가와 인공지능이 똑같은 얼굴 사진을 기반으로 해서 그린 것이 아니어서 직접적인 평가를 하기는 어렵습니다만, 인공지능에 비해 인간 화가가 좀 더 자유롭게 특징을 잡아내고 표현한 것으로 보입니다.

그러나 앞에서도 논의한 바와 같이, 인공지능의 가장 큰 장점은 비용과 시간에 대한 걱정없이 가능한 여러 경우의 수를 모두 그려낼 수 있다는 것입니다. 또한 인공지능은 참조할 만한 재료가 주어질 경우 주어진 재료의 특징을 반영하고, 그렇지 않을 경우는 그저 무작위로 파라미터 값의 변화를 주어서 그림을 출력할 수도 있습니다.

| Input | Result with code1 | Result with code2 | Result with code3 | Result with code4 | result with ref1 | Result with ref2 |

이미지를 다양하게 생성할 수 있다는 것도 인공지능 캐리커처의 장점이다
(Cao et al., 2018)

앞쪽의 그림에서 맨 왼쪽 열이 재료 이미지입니다. 두 번째에서 다섯 번째 열까지는 특별한 참조 사항을 주지 않고 파라미터를 무작위로 변형하여 출력한 결과이고, 맨 오른쪽 두 개의 열은 참조 이미지(맨 첫째 행)의 특징을 반영하여 그린 결과를 보여줍니다. 이것은 하나의 실험 결과를 보여주기 위해서 구성한 결과일 뿐, 출력되는 그림은 얼마든지 더 다양하게 생성할 수 있기 때문에 결과의 다양성 측면에서 인공지능이 창의적으로 보일 만한 캐리커처를 그릴 가능성은 열려있다고 보아야 할 것입니다.

화가의 경우 모든 경우의 수를 다 그리기에는 시간과 비용의 한계가 있기 때문에, 화가의 머릿속으로 여러 경우의 수를 따져보고 최고라고 생각되는 그림 하나를 그리게 됩니다. 그러나 기계의 경우 수많은 그림을 그리는 데 비용과 시간이 거의 들지 않기 때문에 무한대로 그려낼 수 있습니다.

따라서 앞으로는 예술가의 작업 방식은 변할 가능성이 높습니다. 먼저 인공지능으로 하여금 다양한 그림을 무작위로 그리게 합니다. 인간 화가는 그중에서 자신의 마음에 드는 그림을 기반으로 하여 아이디어를 추가하거나 수정하는 방식으로 작품을 완성합니다. 예술 창작에서도 인간과 기계의 협력이 점쳐지는 대목입니다.

노이즈 제거의 자동화

시각 예술에서 노이즈는 굉장히 중요한 문제입니다. 노이즈가 많을수록 원하는 정보를 얻을 가능성이 낮아지고, 이것이 예술 감상에 불리하게 작용하기 때문입니다. 이것은 예술뿐만 아니라 현실에서도 그대로 작용합니다. 예를 들어 인간은 흐린 날보다 맑은 날을 선호하는데, 이 역시도 노이즈의 관점에서 이해할 수 있습니다. 구름이 많고 흐린 날씨는 구름이 없고 화창한 날씨에 비해 '노이즈가 많다'고 해석할 수 있습니다. 따라서 선명하다는 것은 노이즈가 적다는 것과 동의어로 볼 수 있습니다(이것은 음악에서도 마찬가지입니다).

인간은 자연적 환경에서 그랬듯 인공적 환경에서도 더 선명한 화면, 즉 노이즈가 적은 화면을 선호합니다. 인간이 점점 더 개선된 디스플레이를 만들고 소비하는 것은 바로 이런 이유 때문입니다. 1990년대 14인치 컬러 모니터의 해상도가 640×480이었는데 불과 30년이 채 흐르지 않은 지금 7680×4320의 해상도를 가진 8K급 모니터가 등장한 것을 보면, 인간이 정보 처리에서 노이즈를 얼마나 싫어하는지를 잘 알 수 있습니다.

그렇다면 인간은 왜 노이즈를 싫어하는가에 대해서 생각해 볼 필요가 있습니다. 그리고 그 답은 경제적 이유에서 찾을 수 있습니다. 노이즈 처리에 상당한 비용이 들기 때문입니다. 안개가 자욱히 내려 앉은 도로를 운전할 때 여러분의 신경은 곤두서고 평소보다 피로감이 더 빨리 찾아옵니다. 어둡고 뿌연 시야, 즉 노이즈가 가득한 도로 상황에서 앞 차와의 거리나 차선 등의 정보를 얻어내기 위해서 여러분의 머리는 평소보다 더 많은 에너지를 소비해야 합니다. 즉 비용이 많이 듭니다. 이에 비해 맑은 날은 피로감이 훨씬 낮은 상태로 운전할 수 있는데, 이는 뇌가 더 적은 비용으로 도로 정보를 처리할 수 있기 때문입니다.

이런 상황을 인공적 디스플레이 환경에 대입할 수 있습니다. 예를 들어 저품질의 영상은 노이즈가 많아서 여러분의 머리는 더 많은 처리 비용을 들여야 합니다. 반면에 고품질의 영상은 상대적으로 적은 처리 비용을 들이고도 원하는 정보를 얻을 수 있습니다. 이런 이유 때문에 인간은 끊임없이 해상도가 더 높은 화면을 개발하고 있습니다.

잠깐 옆길로 새서 정보처리 비용과 예술적 선호를 연결해 보겠습니다. 만일 여러분이 30년 전에 나온 낡은 컬러 TV보다 해상도가 높은 최신 스마트폰의 화면을 보고 '아름답다'고 느낀 적이 있다면(예술적 선호가 발생했다면), 그것은 뇌의 정보처리 비용이 적게 들었기 때문일 수 있습니다. 우리가 흔히 말하는 '예술적 아름다움' 조차도 생물학적 정보처리 비용의 경제성에서 비롯될 수 있다는 것을 암시하는 대목입니다. 진화는 경제성을 추구하고, 인간은 그 진화적 원리에 따라 만들어졌으므로, 인간이 인공적으로 만들어 낸 예술에서도 그 원

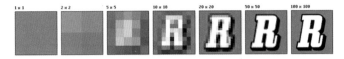

동일한 정보를 표현한 그림이어도 해상도에 따라 그 표현이 달라지는데, 해상도가 높을 수록(노이즈가 적을수록) 정보를 쉽게 인지할 수 있다(정보처리 비용이 적게 든다)

정보처리 비용의 경제성과 예술적 선호 사이에 상관관계가 있을 것이라는 가설은 제시할 수 있을 것으로 생각됩니다.

다시 본론으로 돌아와서, 해상도가 높은 디스플레이를 만들었다고 해서 모든 문제가 해결되는 것은 아닙니다. 애초부터 원본의 화질이 낮은 영상이 존재하기 때문입니다. 30년 전카메라로 찍은 영화나 사진은 최신 스마트폰에서 재생해도 원본이 가진 한계 때문에 여전히 흐리게 보입니다. 바로 이런 상황에서 우리는 소프트웨어를 통한 해결책을 떠올릴 수 있습니다. 그리고 인공지능을 그 선봉에 세울 수 있습니다.

엔비디아와 공동연구를 진행한 MIT 대학의 연구진에 따르면 인공지능은 저화질 이미지를 고해상도 이미지로 감쪽같이 개선시키는 일에 성공했습니다. 별것 아니라고 생각할 수도 있지만 사실 이것은 굉장히 놀라운 일입니다. 인공지능이 무엇이 정답인지를 모르는 상황에서 문제를 해결했기 때문입니다. 이런 방식의 학습법을 비지도학습unsupervised learning이라고 합니다.

예를 들어 인공지능에게 고양이 사진과 개 사진을 구별하

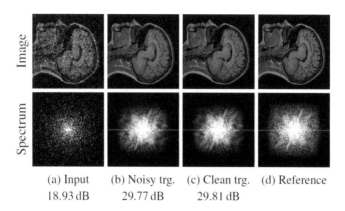

노이즈를 제거하여 품질을 개선시킨 이미지 (Lehtinen et al., 2018)

는 문제를 풀 수 있도록 학습시키고자 한다면, 우선 고양이와 개라는 정답이 적힌 사진을 많이 학습시킨 다음 문제를 풀게 합니다. 이 방식을 적용해서 노이즈가 있는 사진을 노이즈가 없는 사진으로 바꾸는 문제를 풀게 한다면, 동일한 대상에 대해서 '노이즈가 있는 경우'와 '노이즈가 없는 경우'라는 정답이 적힌 사진을 각각 학습시킨 다음 노이즈 제거 문제를 풀게 해야 합니다. 그런데 연구진은 인공지능에게 오로지 노이즈가 있는 사진만을 보여준 다음 스스로 화질을 개선시키는 숙제를 내주었는데, 인공지능은 이 일에 성공했습니다.

위 그림의 맨 오른쪽 열 그림이 원본 이미지이고 맨 왼쪽 열 그림이 원본 이미지에 일부러 노이즈를 첨가한 이미지입니다. 가운데 두 개의 그림이 인공지능이 노이즈를 제거한 이

| Example training pairs | Input ($p \approx 0.25$) 17.12 dB | L_2 26.89 dB | L_1 35.75 dB | Clean targets 35.82 dB | Ground truth PSNR |

노이즈를 제거하여 품질을 개선시킨 이미지 (Lehtinen et al., 2018)

미지인데, 맨 오른쪽에 있는 노이즈가 없는 원본 이미지와 비교할 때 큰 차이가 없을 정도로 개선시켰습니다.

불규칙한 노이즈만이 아닙니다. 위의 그림에서 보듯 인공지능은 이미지 위에 낙서가 되어 있는 경우에 그림에서 낙서만 제거하고 원본 이미지를 자연스럽게 복원하는 일도 훌륭하게 수행했습니다. 인공지능은 글자 부분만을 인지해서 걸어낸 다음 글자가 있던 부분을 원본 이미지에 맞도록 재구성하는 데 성공했습니다. 이쯤 되면 인공지능도 글자와 그림을 구분하는 인지능력과 글자가 있던 부분을 원래의 이미지에 맞게 복원하는 사고력이 있다고 보아야 할 것 같습니다.

이처럼 인공지능이 다양한 형태의 노이즈 제거 능력을 갖추면서 예술가들은 이전에는 쓸 수 없었던 이미지들을 자신의 예술적 '재료'로 선택할 수 있게 되었습니다. 100년 전에 찍은 사진도 인공지능에게 복원을 맡기면 디지털 시대에 맞는 고품질 이미지로 복원할 수 있습니다. 마치 세계 유수의 박물관에

인공지능을 통해 자신의 새로운 모습을 실시간으로 연출할 수도 있다
(Thies et al., 2018)

오래된 그림의 복원 전문가들이 존재하듯 디지털 시대에는 인
공지능이 이미지 복원 전문가로 활약하는 듯한 인상을 줍니
다. 앞으로 예술가들은 인공지능이 아니었다면 사용할 수 없
었던 오래되고 낡은 이미지들을 재료로 삼아 자신의 예술을
좀 더 풍요롭게 가꾸어 나갈 수 있게 될 것입니다.

아바타 생성의 자동화

회사에서 중요한 문제로 컨퍼런스 콜, 즉 화상회의를 할 일
이 생겼다고 가정해 보겠습니다. 그런데 마침 어제 더 중요한
일이 있어서 밤을 꼴딱 새고 세수도 못 했다면 어떻게 하시겠
습니까? 과연 이럴 때도 인공지능의 도움을 받을 수 있을까요?

위에 보이는 사진은 이런 상황을 잘 대변합니다. 왼쪽에
파란 티셔츠를 입고 있는 사람이 바로 '피곤에 쩔어있는 나'

라고 생각하면 됩니다. 그렇지만 상대방에게는 정장 차림의 깔끔한 모습을 보여주고 싶다면 그저 말끔하게 차려입고 찍은 사진 한 장을 준비하면 됩니다. 그리고 인공지능에게 내가 움직이고 말하는 모습을 카메라로 찍어서 보여주면서 실시간으로 사진 속 정장 차림의 나를 똑같이 움직여 달라고 부탁하면 됩니다. 그러면 인공지능이 정장 차림의 내가 회의에 참석한 것 같은 동영상을 실시간으로 전달합니다. 내가 말할 때 짓는 얼굴 표정이나 제스처, 입 모양을 그대로 반영해 주는 것은 물론입니다. 증명사진 속의 내가 정말로 나의 아바타가 되어 살아 움직이는 것입니다.

이 사례는 동영상이기 때문에 지면으로 설명하는 데는 한계가 있습니다. 실제로 유튜브에 올려진 데모 영상을 보면 이것이 얼마나 감쪽같은지 알 수 있습니다. 이런 기술은 앞으로 적용분야가 실로 다양할 것입니다. 예를 들어 아나운서들은 뉴스를 전달하기 전에 메이크업을 받느라 많은 공을 들입니다. 그러나 이런 기술이 상용화되면 굳이 메이크업을 받느라 시간을 들일 필요가 없습니다. 게다가 방송국에 출근을 할 필요도 없습니다. 집이든 어디든 내 표정을 인식할 수 있는 카메라만 있다면, 나의 아바타가 말끔한 정장 차림으로 방송을 진행할 테니 말입니다.

매일 방송을 하는 유튜버들이라면 이 기술을 더욱 적극적으로 이용할 수 있습니다. 유튜버들은 자신의 방송 컨셉에 따

Source ┊ **Target → Landmarks → Result**

다른 사람의 사진 혹은 그림으로도 움직이는 이미지를 만들 수 있다
(Zakharov et al., 2019)

라 다양한 의상이나 메이크업을 필요로 합니다. 그렇다고 조회수가 어느 정도 나올지도 모르는 상황에서 의상과 메이크업에 많은 돈을 투자하는 것은 어렵습니다. 그럴 때 그저 사진 몇 장만 준비하면 사진 속 내 얼굴을 살아 움직이게 할 수 있습니다.

이 기술이 장점만 가진 것은 아닙니다. 앞에서 해킹을 다루면서도 이야기 했지만, 사실 이 기술은 악용될 소지가 상당히 큽니다. 반드시 내 사진이어야 할 필요가 없기 때문입니다. 다른 사람의 얼굴 사진도 얼마든지 살아 움직이게 할 수 있다는 뜻입니다. 만일 이 기술을 가진 쪽에서 내 사진을 도용해서 내 가족에게 화상전화를 한다고 가정해 보시길 바랍니다. 보이스피싱을 넘어 비디오피싱이 등장할 날도 머지않았습니다.

Source　｜　**Generated images**

모스크바 인공지능 연구센터에서 발표한 '움직이는 사진' (Zakharov et al., 2019.)

　살아 움직이게 될 영상 속 아바타가 꼭 사진이어야 할 필요도 없습니다. 앞서 등장했던 삼성전자의 모스크바 인공지능 연구센터가 참여한 연구 결과를 다시 살펴보겠습니다. 맨 왼쪽 열에 그림으로만 존재했던 '고정된 얼굴(source)'이 주어진 사진 속 얼굴 표정(target)에 따라 '표정을 가진 움직이는 그림(result)'이 된 것을 볼 수 있습니다. 이처럼 앞으로는 '죽어있는 액자 속 얼굴'들이 디지털 영상 속에서 인공지능을 통해 '살아 움직이게' 될 것입니다. 물론 지금까지도 그래픽 디자이너들의 손길을 통해 이런 일들이 가능했습니다만, 앞으로는 인공지능의 얼굴 인지 및 생성 기술을 통해 좀 더 대량으로 좀 더 간편하게 이런 일들이 처리될 것입니다.

가상현실이 반드시 'VR 헤드셋' 속에만 존재하는 것은 아닙니다. 우리가 매일 읽고 쓰는 '문자'는 가장 오래된 가상현실 플랫폼입니다. 이제 인공지능은 박물관과 종이 위에 박제되었던 무수한 '얼굴'들을 디지털이라는 가상의 세계로 불러들여 생명력을 불어넣을 것입니다.

내 인스타그램에 마릴린 먼로가 생일 축하 동영상을 남기고 아인슈타인이 직접 상대성이론을 설명하는 물리학 강의가 등장할 것입니다. 우리와 우리의 후대는 그것이 정말로 아인슈타인을 촬영한 영상인지 아니면 인공지능이 생성한 가짜 영상인지를 판별하느라 진땀을 뺄 것입니다. 아마도 영상의 진위 여부를 판별하는 일 역시 인공지능에게 맡길 가능성이 높습니다.

동영상 스타일 트랜스퍼링

다음 쪽의 그림은 인공지능과 예술에 관심이 있는 분이라면 한 번쯤 보셨을 그림입니다. 스타일 트랜스퍼링이라는 기

유명 화가의 화풍을 구현할 수도 있다 (Gatyz et al., 2016)

술로 잘 알려져 있는 이 그림은 2016년에 CNN 알고리즘을
사용하여 사진을 유명 화가의 화풍으로 그려내 인공지능이
예술에도 적용될 수 있음을 알렸습니다. 스마트폰 애플리케
이션으로도 보급되어 누구나 한 번쯤 사용해 봤음직한 이 기

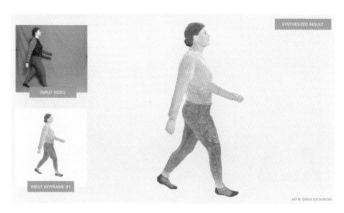

화가가 그린 그림이 실제 움직임대로 움직일 수 있다
(Jamriška et al., 2019. Secret Weapons 유튜브 채널)

술이 우리가 딥러닝이라고 부르는 인공지능 기술이라는 것을 모르는 소비자도 많을 것입니다.

그런데 여기서 질문이 하나 생깁니다. 만일 인공지능이 사진을 그림으로 변환할 수 있다면 실사 동영상을 그림 동영상으로 변환할 수도 있을까요?

실제로 이런 일에 도전한 연구진이 있습니다. 이 연구진은 실사 동영상을 찍은 다음, 이 영상 속 주요 장면 몇 컷을 화가에게 의뢰해 그림으로 그려 받았습니다. 그런 다음 인공지능이 실사 영상을 화가가 그린 그림의 화풍이 적용된 애니메이션으로 변환할 수 있는지 실험했습니다.

위에 보이는 그림이 이 실험의 내용을 잘 보여줍니다. 왼쪽 위에 보이는 대로 사람이 걸어 나가는 장면을 실사 동영상

촬영한 영상을 특정한 그림 스타일로 변형시킬 수도 있다
(amriška et al., 2019. Secret Weapons 유튜브 채널)

으로 촬영합니다. 그 다음 그중 한 장면을 골라서 화가에게 그림으로 그려줄 것을 의뢰합니다. 왼쪽 아래에 보이는 것이 바로 그 그림입니다. 그 다음 인공지능에게 동영상과 화가에게 받은 이미지를 학습시키고 동영상을 화가가 준 그림의 화풍으로 완전히 바꾸게 합니다. 그러면 화가가 그린 그림이 실사 영상 속의 사람처럼 앞으로 걸어나갑니다.

이 실험은 인공지능이 화면 속 움직임을 그림으로 표현하는 데 있어서 모든 프레임의 주요 장면을 다 필요로 하지 않고, 일부 핵심 프레임만 있으면 나머지는 스스로의 학습과 예측을 통해 빈 프레임을 채워 완전한 영상으로 변환할 수 있다는 것을 보여주었습니다. 그야말로 애니메이션 제작 과정을 획기적으로 혁신할 수 있는 가능성을 보인 것입니다.

우리나라는 일본의 아니메^anime와 헐리우드 애니메이션의 원화를 그리는 것으로 유명한데, 이제는 이런 일도 인공지능을 통해서 훨씬 경제적이고 효율적으로 할 수 있게 된 것입니다. 게다가 움직이는 그림을 만들기 위해서 모션캡처를 할 필요 없이 그저 실사 영상을 촬영한 다음 그것을 인공지능을 통해 애니메이션으로 변환할 수 있기 때문에 애니메이션을 만드는 과정과 방법에 새로운 선택지가 될 수 있을 것으로 보입니다.

앞쪽 그림은 이미 실사로 제작된 영상물을 그림의 형태로 바꾼 영상의 한 장면입니다. 글로 설명하다 보니 영상을 볼 수 없어 직관적 이해가 쉽지 않습니다만, 위에 표기된 링크를 확인하시면 그림의 움직임이 얼마나 자연스러운지 확인하실 수 있습니다.

왼쪽 위의 그림이 실사 원본이고 왼쪽 아래 그림이 화가가 실사 영상을 그림으로 그린 것입니다. 실사 영상도 아름답지만, 화가의 그림 색감이 더 풍부하고 환상적인 분위기를 자아냅니다. 또한 주인공들 역시 더욱 스타일리쉬하게 느껴집니다. 그러나 이렇게 화가가 그림을 그려서 애니메이션을 만들기 위해서는 고품질의 그림을 초당 24장 이상 그려야 하기 때문에 2시간짜리 영화를 만든다고 할 때 무려 17만 2천 장의 그림을 그려야만 합니다. 실로 엄청난 작업량이며, 그림의 일관성을 확보하기도 쉽지 않습니다. 게다가 프레임과 프레임

인공지능은 키프레임을 통해 화면을 인지하므로 더 미세한 작업이 가능하다
(Secret Weapons 유튜브 채널)

사이의 움직임에는 거의 변화가 없기 때문에 인간 화가가 이런 미세한 움직임을 정확하게 그려내는 것 역시 쉬운 일은 아닙니다.

그러나 인공지능은 키프레임을 중심으로 화면의 움직임을 인지하고 그에 맞게 다음 프레임에 나타나야 할 그림을 그릴 수 있습니다. 프레임 단위의 미세 움직임을 포착하고 학습하고 생성하는 일에 있어서 인간 화가보다 인공지능이 장점을 가지며, 인간 감상자들은 인공지능 덕분에 새로운 스타일의 영상미를 즐길 수 있습니다.

이런 변화는 기존 방식의 예술이 활용될 수 있는 새로운 기회를 제공하기도 합니다. 인공지능이 등장하면서 기존의 예술가들이 일자리가 위협 받을 것이라는 전망이 있는 것도

앞에서 소개한 다양한 콘텐츠 제작 방식이 앞으로 보편화될 가능성이 높다
(Secret Weapons 유튜브 채널)

사실이지만, 이런 기술을 통해서 기존 방식의 그림을 그리는 화가들이 오히려 원화 작가로 활약하는 기회를 갖게 될 수도 있습니다.

도구가 바뀌면 예술도 바뀝니다. 도구가 바뀌면, 바뀐 도구의 원리를 파악하고 능숙하게 사용할 수 있을 때까지 연마하는 시간이 필요합니다. 칼을 가는 시간이 필요한 것입니다. 마침내 인공지능이라는 새로운 도구가 내 몸의 일부인 것처럼 '착'하고 달라붙을 때, 우리는 각자의 상상력을 담아 인공지능이라는 도구를 마음껏 휘두를 수 있게 될 것입니다. 어느새 인류의 예술은 우리 자신도 몰라볼 만큼 달라져 있을 것입니다.

조만간 어느 예술가가 인공지능을 창작의 파트너로 수용하고 적극적으로 협력한다면, 그리고 마치 자신의 뇌의 일부인 것처럼 능수능란하게 인공지능을 다룰 수 있다면, 아직까지 우리가 갖지 못했던 새로운 예술이 탄생할 수도 있을지 모릅니다. 뚱딴지 같은 소리로 들릴지도 모르지만 오늘날 수많은 관객들이 열광하는 영화라는 예술도 100년 전쯤 그렇게 탄생했다는 것을 기억하시길 바랍니다. 인공지능과 함께 어떤 예술을 하게 될지, 그것이 얼마나 어려울지 아직은 짐작하기조차 어렵지만 무수한 실패를 재료 삼아 새 시대의 창의성을 꽃피우는 예술의 역사는 이번에도 다르지 않을 것입니다.

참고문헌

■ Aberman, K., Liao, J., Shi, M., Lischinski, D., Chen, B., & Cohen-Or, D. (2018). Neural best-buddies: Sparse cross-domain correspondence. ACM Transactions on Graphics (TOG), 37(4), 69.

■ Cao, K., Liao, J., & Yuan, L. (2018). Carigans: Unpaired photo-to-caricature translation. arXiv preprint arXiv:1811.00222.

■ EB Synth. https://ebsynth.com/

■ Feng, Y., Wu, F., Shao, X., Wang, Y., & Zhou, X. (2018). Joint 3d face reconstruction and dense alignment with position map regression network. In Proceedings of the European Conference on Computer Vision (ECCV) (pp. 534-551).

■ Gafni, O., Wolf, L., & Taigman, Y. (2019). Vid2Game: Controllable Characters Extracted from Real-World Videos. arXiv preprint arXiv:1904.08379.

■ Gatys, L. A., Ecker, A. S., & Bethge, M. (2016). Image style transfer using convolutional neural networks. In Proceedings of the IEEE conference on computer vision and pattern recognition (pp. 2414-2423).

■ Jamriška, O., Sochorová, Š., Texler, O., Luká , M., Fišer, J., Lu, J., ... & Sýkora, D. (2019). Stylizing video by example. ACM Transactions on Graphics (TOG), 38(4), 107.

■ Kim, H., Carrido, P., Tewari, A., Xu, W., Thies, J., Niessner, M., ... & Theobalt, C. (2018). Deep video portraits. ACM Transactions on Graphics (TOG), 37(4), 163.

■ Lehtinen, J., Munkberg, J., Hasselgren, J., Laine, S., Karras, T., Aittala, M., & Aila, T. (2018). Noise2noise: Learning image restoration without clean data. arXiv preprint arXiv:1803.04189.

■ Li, Z., Dekel, T., Cole, F., Tucker, R., Snavely, N., Liu, C., & Freeman, W. T. (2019). Learning the Depths of Moving People by Watching Frozen

People. In Proceedings of the IEEE Conference on Computer Vision and Pattern Recognition (pp. 4521-4530).

■ Luan, F., Paris, S., Shechtman, E., & Bala, K. (2018, July). Deep painterly harmonization. In Computer Graphics Forum (Vol. 37, No. 4, pp. 95-106).

■ Thies, J., Zollhöfer, M., Theobalt, C., Stamminger, M., & Nießner, M. (2018). Headon: Real-time reenactment of human portrait videos. ACM Transactions on Graphics (TOG), 37(4), 164.

■ Zakharov, E., Shysheya, A., Burkov, E., & Lempitsky, V. (2019). Few-Shot Adversarial Learning of Realistic Neural Talking Head Models. arXiv preprint arXiv:1905.08233.

02

괴물신입을 길들이는
우리의 자세

잠시 숨 좀 고르시길 바랍니다. 창문을 열고 차라도 한 잔 드셔도 좋을 것 같습니다. 인공지능이라는 용어 자체도 낯선데 무려 20개의 전문 분야와 연결 지으며 탐사하느라 고생 많으셨습니다. 지금부터는 긴장을 풀고 한결 편안한 마음으로 읽으셔도 될 것 같습니다. 1부에서 이 친구의 정체를 파악하느라 온 힘을 소진했다면 2부에서는 이 친구를 어떤 마음으로 대하면 좋을지에 대해 이야기해 볼 것입니다.

말하자면 신입사원을 맞이하는 사수의 마음이랄까요? 아, 그것과는 미묘하게 다를 것 같네요. 이 친구는 사람이 아닌 기계니까요. 맞이한다기보다 길들인다는 표현이 더 어울리는 것 같습니다. 반려동물을 잘 길들이기만 하면 때때로 가족이나 친구보다도 훌륭한 동반자가 되듯, 인공지능도 잘 길들이기만 하면 최고의 부사수로 키워낼 수 있지 않을까요?

그런데 길들일 때 무엇보다 중요한 것이 있습니다. 바로 주인의 태도입니다. 주인이 어떤 태도를 갖느냐에 따라 반려동물의 행동이 180도 달라지듯, 우리들이 어떤 태도로 길들이는가에 따라 인공지능도 전혀 다른 퍼포먼스로 보답할 것입니다. 그만큼 우리의 태도와 생각이 중요하다는 이야기입니다. 자, 그럼 지금부터 괴물신입을 길들이는 우리의 자세에 대해 생각해 볼까요?

01
큰 그림을
그려라

파도에 사이클이 있는 것처럼 혁신에도 사이클이 있습니다. 서퍼가 파도에 올라타기 위해 파도의 사이클이 어디쯤 진행되었는지 파악하는 것이 중요하듯 우리들이 혁신을 수용하기 위해서도 혁신의 사이클이 얼마만큼 진행되었는지를 파악하는 것이 중요합니다.

다행히도 우리가 경험하고 있는 인공지능의 혁신은 아직 활주로를 달리는 중입니다. 시간이 많이 남은 것은 아니지만 이륙한 것은 아니기 때문에 아직은 비행기에 올라탈 시간이 조금은 남아있습니다. 어떻게 할까 고민하면서 결정을 미루는 사이에 누군가는 올라탈 것이고, 남은 사람들은 다음 비행기를 기다려야 할 것입니다.

그렇다고 인공지능이라는 비행기가 성공적으로 이륙해서

목적지에 안전하게 착륙할 것이라고 장담할 수 있는 것은 아닙니다. 지금까지 진행된 실험결과를 종합해 볼 때, 일단은 큰 무리없이 이륙해서 하늘로 떠오르는 데까지는 성공할 가능성이 높아 보인다는 것 정도만 이야기할 수 있습니다. 이후의 여정이 순조로울지, 부드럽고 안전하게 착륙할 수 있을지는 여전히 미지수입니다.

결말이 불확실하다고 해서 최종 결론이 나올때까지 지켜볼 수만은 없는 노릇입니다. 이익은 언제나 위험 감수와 함께하기 때문입니다. 이제는 막연한 의심을 거두고 큰 그림을 그려야 할 때입니다.

02
직업을 내려놓고
직무에 집중하라

　　은행 창구에서 은행원이 보이지 않는다고 해서 송금이라는 업무가 사라지는 것은 아닙니다. 골드만삭스의 주식 트레이더의 숫자가 6백 명에서 2명으로 줄었다고 해서 트레이딩 업무가 사라지는 것은 아닙니다. 자율주행차의 등장에 따라 운전기사라는 직업이 예전만큼의 존재감을 갖지 못한다고 해서 '이동'이라는 일 자체가 사라지는 것은 아닙니다.

　　"직업은 해체되더라도 직무는 그대로 남습니다. 다만, 그 직무를 처리하는 방식이 변할 뿐입니다."

　　'직업' 또는 '대체'라는 키워드로 접근해서는 오늘날 인공지능의 등장으로 인해 겪게 될 변화를 제대로 탐지해 낼 수 없습니다. 괴물신입 인공지능이 앞으로 우리 삶에 어떤 변화를 불러올 것인가를 이해하기 위해서는 '직업'보다는 '직무'라는 단어에 방점을 찍어야 합니다. '직업'이라는 것은 탄생하기도 하고 소멸되기도 하지만 '직무'라는 것은 일을 수행하는 방식이 변화할 뿐 그 일 자체가 소멸되는 것은 드물기 때문입니다.

03
기계와의 경쟁이라는 착각에서 벗어나라

이세돌 기사와 알파고와의 대국으로 뜨겁게 달아올랐던 2016년 3월을 기억하실 것입니다. 이때 언론은 알파고로 인한 충격을 '대체'라는 단어로 번역하는 일에 열을 올렸습니다.

그러나 기계가 일자리를 대체한다는 표현은 맞지 않습니다. 일자리를 의자라고 생각해 보겠습니다. 우리는 의자(일자리)에 앉아서 일을 합니다. 그런데 기술의 변화로 인해 의자가 해체되었습니다. 내 일자리가 사라진 것입니다. 의자가 사라졌으므로 이 자리에 다른 누군가가 나 대신 앉는 것은 불가능합니다. 마찬가지로 기계도 사라진 의자에 앉을 수는 없습니다. 인공지능으로 인한 직업의 변화는 '대체'보다 '해체'로 접근할 때 좀 더 또렷하게 보입니다. 해체되는 의자가 많아지면 사회문제가 발생합니다. 지금 우리에게 필요한 것은 사람들이 앉아서 일할 수 있는 '새로운 의자'를 다시 만드는 것입

자동화 대체 확률 낮은 직업		자동화 대체 확률 높은 직업	
1위	화가 및 조각가	1위	콘크리트공
2위	사진작가 및 사진사	2위	정육원 및 도축원
3위	작가 및 관련 전문가	3위	고무 및 플라스틱 제품조립원
4위	지휘자·작곡가 및 연주가	4위	청원경찰
5위	애니메이터 및 만화가	5위	조세행정사무원
6위	무용가 및 안무가	6위	물품이동장비조작원
7위	가수 및 성악가	7위	경리사무원
8위	메이크업아티스트 및 분장사	8위	환경미화원 및 재활용품수거원
9위	공예원	9위	세탁 관련 기계조작원
10위	예능 강사	10위	택배원
11위	패션디자이너	11위	과수작물재배원
12위	국악 및 전통 예능인	12위	행정·경영지원관련서비스
13위	감독 및 기술감독	13위	주유원
14위	배우 및 모델	14위	부동산 중개인
15위	제품디자이너	15위	건축도장공

한국고용정보원의 <AI, 로봇-사람, 협업의 시대가 왔다!> 보도자료 재구성

니다. 만일 어디선가 새로운 의자를 많이 만드는 사람이 나타 난다면, 우리는 그를 천재라고 부르게 될 것입니다.

또 하나 거듭 주의해야 할 것은 기계는 우리의 '경쟁' 상대 가 아니라는 점입니다. 일각에서는 인간이 똑똑해진 기계와 일전을 치러야 할 것처럼 비장함을 조성하지만, 이런 접근은 우리를 엉뚱한 방향으로 이끌고 갈 가능성이 높습니다. 인간 의 경쟁 상대는 결국 옆에 있는 다른 인간이라는 점을 기억해 야 합니다.

운전기사가 자율주행차와 경쟁하는 것이 절대로 아닙니 다. 운전기사는 자율주행차를 만든 인간과 경쟁하는 것입니

다. 마찬가지로 바둑 기사들 역시 알파고와 경쟁하는 것이 아니라 알파고를 만든 인간과 경쟁하는 것입니다.

맨손으로 사냥을 나가는 친구보다 도끼라도 손에 쥐고 나가는 친구가 사냥에 성공할 확률이 높습니다. 도구를 사용하지 않는 인간과 도구를 사용하는 인간이 경쟁한다면 당연히 후자의 승리 확률이 높아집니다. 이왕이면 도구의 성능이 높을 때 승리 확률은 좀 더 올라갈 것입니다. 그런데 우리 시대에서 성능이 가장 탁월한 도구가 바로 인공지능입니다. 여러분이 사냥터에 나가든 전쟁에 나가든 사무실에 나가든, 무기를 하나 골라야 한다면 인공지능을 고르는 것도 나쁘지 않은 선택입니다.

다시 한번 말하지만, 인공지능은 여러분의 경쟁 상대가 절대로 아닙니다. 여러분의 경쟁 상대는 인간이며, 인공지능은 오히려 여러분을 인간 사이에서의 경쟁에서 승리로 이끌어 줄 최고의 협력 파트너라는 점을 기억해야 합니다.

04
고민만 하지 말고
일단 써라

어른들이 묻습니다.

"너 커서 뭐가 되고 싶니?"

직업을 갖고 사회인으로 산다는 것이 생각만큼 쉽지 않다
는 것을 너무나도 잘 알고 있는 기성 세대 입장에서 걱정하는
마음이 앞서 저절로 터져나오는 질문입니다. 그런데 부모라
고 해서 또는 어른이라고 해서 이 질문에 대한 뾰족한 답을
갖고 있는 것은 아닙니다. 그저 자신들의 경험을 바탕으로 돈
을 많이 벌거나 안정된 직업을 추천하는 것이 대부분입니다.
그러나 안타깝게도 지금껏 우리가 알고 있던 직업에 대한 특
성은 앞으로 송두리째 바뀔 가능성이 높다는 점에서 기성 세
대의 조언을 다시 한번 점검해 볼 필요가 있습니다. 현재의

기성 세대의 직업 추천 모델에는 인공지능이라는 변수가 고려되어 있지 않기 때문입니다.

인공지능 시대에 어떤 직업이 각광 받고 어떤 직업이 사그라들지 예측하는 것은 쉬운 일이 아닙니다. 언론과 미디어는 미래에 사라질 직업이나 유망한 직업에 대해 보도하면서 사람들의 두려움을 자극하고 있지만, 사실 이것은 바람직한 접근이 아닙니다. 예술가는 안전할 것이라든가 회계사는 위태로울 것이라는 식의 단편적 전망은 미래의 직업 선택에 방해와 오해를 불러일으킬 가능성이 높습니다.

인공지능 시대에서의 직업변화의 방점은 '직종 그 자체의 생존 여부'가 아니라 '그 직종의 일하는 방식이 어떻게 변할 것인가'를 이해하는 데 찍혀야 합니다. 칠흑같은 어둠 속을 헤매는 느낌이 들기도 하지만 이 혼돈 속에서도 한 가지 확실한 것이 있습니다. 그것은 어떤 직업을 선택하든 그곳에 인공지능이 함께하리라는 것입니다. 따라서 "너 커서 뭐 할래?"라는 질문을 인공지능과 직업의 미래라는 키워드에 연결시켜서 좀 더 구체적으로 바꾸어야 합니다.

"너의 직업에 인공지능을 어떻게 적용시켜 볼래?"

그런데 문제가 하나 있습니다. 내 일에 인공지능을 적용시켜보고 싶어도 아직 인공지능이 어떤 일을 할 수 있는지에 대해 잘 모르기 때문에 어떻게 쓰면 좋을지에 대한 아이디어도 잘 떠오르지 않습니다. 이럴 때는 고민만 하기보다 일단 한번 써보는 것이 중요합니다. 대충 휘둘렀는데 무라도 벨 수 있을지 누가 알겠습니까? 소가 뒷걸음질을 치다 쥐를 잡았다고 해도, 잡은 건 잡은 거 아닐까요?

05
피할 수 없다면
앞줄에 서라

경영학에는 혁신수용과 혁신저항이라는 개념이 있습니다. 뭔가 혁신적인 기술이 등장했을 때 이를 대하는 소비자들의 태도를 분석할 수 있도록 돕는 이론입니다. '수용'과 '저항'은 정반대의 개념처럼 여겨지지만, 사실은 같은 개념을 반대 관점에서 설명한 것으로 볼 수 있습니다.

예를 들어, 전 세계 소비자를 이름순으로 번호를 붙여서 엑셀파일에 정렬했다고 가정해 보겠습니다. 이때 스마트폰이라는 혁신 제품을 빨리 받아들인 순서대로(오름차순) 소비자를 다시 정렬하는 것이 혁신수용 관점이고, 늦게 받아들인 순서대로(내림차순)대로 정렬하는 것이 혁신저항 관점이라고 생각하면 크게 틀리지 않습니다. 결과적으로 엎어치나 메치나, 다시 말해 혁신을 수용하든 저항하든, 정렬되는 방향만 달라질 뿐 소비자들은 결국 스마트폰을 사용하게 됩니다.

이런 사례는 우리 주변에 차고 넘칩니다. 아마 우리나라에 양복이 처음 들어왔을 때도 마찬가지였을 것입니다. 당시에도 누군가는 상대적으로 빨리 받아들였을 것이고 누군가는 저항을 거듭하다가 마지못해 받아들였을 것입니다. 각자의 사정이 있었겠지만, 대략 1백 년 정도밖에 지나지 않은 지금 대한민국에서 양복이 아닌 한복을 입고 일상 생활을 하는 사람은 거의 찾아볼 수가 없습니다.

인공지능은 우리에게 자기를 언제 수용할 것인지를 묻고 있습니다. 엑셀의 정렬 예시를 통해 살펴본 것과 같이 우리가 선택할 수 있는 것은 '수용'이나 '저항' 그 자체가 아니라 '수용의 시점'입니다. 눈치게임을 할 때는 이미 지났습니다. 인공지능이 대세인가 대세가 아닌가를 따지기에는 이미 늦었다는 이야기입니다. 그렇다면 우리가 선택할 수 있는 전략은 조금이라도 줄의 앞쪽에 서서 다른 사람들보다 일찍 수용하는 것입니다. 이것이 이 책을 쓴 이유이기도 합니다. 여러분이 어떤 결정을 내리든, 여러분의 미래를 환히 밝히는 데 조금이라도 도움이 될 수 있기를 기대합니다.

06
'인간은 특별하다'는
환상을 버려라

　공감력과 창의력은 인간만이 가진 특별한 능력일까요? 그렇다고 생각하는 사람들이 많아서인지 항간에는 인공지능에게 대체되지 않으려면 공감력과 창의력을 길러야 한다는 이야기도 있습니다. 그러나 이런 관점은 인공지능에 대한 오해를 불러일으킬 가능성이 높습니다. 오히려 인간의 공감력과 창의력을 극대화하기 위해 개발한 것이 인공지능이라고 생각하는 것이 더 타당합니다. 인공지능은 인간의 공감력과 창의력을 극대화시켜 줄 최종병기입니다.

　추천 알고리즘은 70억 소비자 각각의 취향에 '공감'하고 있으며 심리상담 인공지능은 환자의 마음에 '공감'하고 있습니다. 맛을 감별하는 인공지능은 당신의 혀 끝 취향에 '공감'하고 있으며 인공지능 비서는 당신의 얼굴 표정에 '공감'하고 있습니다. 당신이 70억 소비자와 언제 어디서라도 '공감'하기를 진정으로 원하는 마케터라면, 인공지능을 빼고 무슨 일을 할 수 있을지 반문해 보시길 바랍니다. 우리는 이미 20개 분야의 수많은 사례를 통해 이에 대한 답을 얻었으므로, 여기서 다시 길게 이야기하지는 않겠습니다. 다만, 여러분께 다음과 같은 당부를 드리고 싶습니다.

> "인공지능 시대에 인간이 해야 할 일은 인간만의 공감력과 창의력으로 기계에게 맞서는 것이 아니라, 인공지능을 통해 인간의 공감력과 창의력을 극대화시키는 것이다."

인공지능을 통해 극대화시킨 공감력과 창의력을 가지고 무엇을 하면 좋을지에 대해서는 저도 아직 답을 갖고 있지 못합니다. 그런데 한편으로 여기부터는 각자의 몫으로 남겨두는 것이 좋겠다는 생각도 듭니다. 모두가 똑같은 답안지를 제출할 필요는 없을 테니까요. 아마 모두가 똑같은 목표를 세우면 인공지능의 표절검사에 걸릴지도 모릅니다. 인간의 체면이 있지, 그래서야 되겠습니까? 이 괴물 같은 기계를 가지고 무엇을 하면 좋을지에 대해 수만 가지 다른 답안지를 제출하는 것이야말로 인간의 창의성을 증명하는 일일 것입니다.

07
위로는 잠시
넣어 둬라

인간이 특별하지 않다는 것만큼 우리를 당황시키는 것도 없습니다. 그런데 자연은 처음부터 인간을 특별대우 하지 않았다는 점을 생각해 보면 딱히 당황할 이유도 없습니다. 사실 우리 모두 알고 있었지만 모른 척했던 것에 대해 더 이상 시치미 뗄 수 없게 된 것뿐입니다. 이왕 이렇게 된 것, 쿨하게 받아들이자고 생각해 보지만 그래도 자존심에 생긴 스크래치는 숨길 수가 없습니다.

바로 이때 우리를 위로해 주는 것이 있으니 그것이 바로 인문학입니다. 인간은 '해결책(과학기술)'을 찾아 헤매기도 하지만 답이 잘 보이지 않거나 답을 찾는 일이 힘겨울 때면 어딘가 기대서 '위로'받기를 원합니다. 이런 점에서 인문학만큼 지친 우리의 마음을 어루만져 주는 명의가 또 있을까하는 생각도 듭니다.

그러나 냉정하게 말해서 지금은 위로받을 때가 아닙니다. 우리들의 고통은 아직 시작되지도 않았습니다. 앞으로 10년, 또는 20년 사이에 인공지능을 포함한 혁신기술의 등장으로 직업, 제도, 관습 등에서 지금껏 한 번도 생각지 못한 변화를 겪을 것이고 그 과정은 심히 고통스러울 것입니다.

이 고통을 달콤한 위로로 잠시나마 마취시킬 수도 있겠지만, 그랬다가는 우리들의 20년 후가 더 고통스러워질 가능성이 높습니다. 당장 낯설고 힘들겠지만 이 괴물과 친해지기 위해서 한 발씩 다가서는 실질적인 노력을 기울여 보시길 바랍니다. 설령 그것이 조금 고통스럽더라도 말입니다.

08
인공지능과 함께하는 지식의 빅뱅을 즐겨라

    지식은 수렴하기도 하고 분기하기도 합니다. 또한 에너지는 발산되기도 하고 응축되기도 합니다. 그런데 지금 블랙홀로 모든 물질이 빨려 들어가듯 세상의 거의 모든 지식이 인공지능 속으로 빨려 들어가고 있습니다. 이렇게 한껏 에너지를 응축한 인공지능은 얼마 지나지 않아 지식의 빅뱅을 시작할 것입니다. 지금껏 인류가 축적한 온갖 전문 지식은 인공지능의 학습을 거친 이후에 새로운 모습으로 다시 발산될 것입니다.

    이를 두고 슬퍼해야 할지 기뻐해야 할지 아직은 잘 판단이 서질 않습니다. 이것이 나에게 이득이 될지 손실이 될지가 분명치 않기 때문입니다. 그러나 인류 전체적인 관점에서 보면 어쨌거나 과거보다 좀 더 효율적인 시스템을 갖추어가고 있는 것으로 보이기 때문에 인공지능에 대한 부정적 평가를 망

설이게 됩니다.

　왜 그런지는 모르겠지만 인류는 끝없이 효율을 추구합니다. 그것이 아마도 진화적 본성인 것 같습니다. 혁신기술 이슈가 있을 때마다 사라지는 직업에 대한 걱정이 있다는 것을 알면서도 혁신은 꾸역꾸역 계속됩니다. 호모 사피엔스라는 종에게서 혁신은 불가역적 본능인지도 모릅니다.

　뛰어가는 사람보다 자동차를 타고 가는 사람이 더 빨리 갈 수 있는 것은 너무 당연합니다. 마찬가지로 모든 문제를 내 머리로만 풀 때보다 인공지능과 함께 풀 때 좀 더 빠르고 정확하게 풀 수 있는 것도 당연합니다. 당신의 마음 속에서 '두려움'이나 '대체' 따위의 키워드는 지우시기 바랍니다. 그리고 그 자리에 '가능성'과 '함께'라는 키워드를 아로새기기를 당부합니다. 변화가 불가역적이라면 그것을 도움이 되는 방향으로 수용하는 수밖에 없습니다. 이 책을 읽는 동안 당신의 두려움이 봄날의 눈처럼 녹아내렸기를 기대해 봅니다.

09
잉여인간에게
죄를 묻지 마라

우리는 오래 살고 적게 일하는 사회로 가고 있습니다. 물론 오래 사는 만큼 평생에 걸쳐 일해야 하는 기간이 늘어나는 것은 사실이지만, 일당 또는 주당으로 계산한 노동시간이 줄어드는 것도 사실입니다. 선진국들의 경우 4차 산업혁명으로 인해 주당 노동시간이 24시간으로 줄어들 것이라는 전망이 있으며 일본에서는 이미 주 4일제를 실시하는 기업들이 늘어나고 있습니다.

일하지 않는 자 먹지도 말라했거늘 주당 3일은 놀아도 밥은 먹어야 하게 생겼으니 큰일이 아닐 수가 없습니다. 이렇듯 여가시간이 늘어나는 것이 좋은 것인지 나쁜 것인지는 아직 쉽게 판단할 수가 없습니다. 우리는 이런 경험을 해 본 적이 없기 때문입니다. 막상 인생의 3/7, 거의 절반을 여가시간으로 보내게 된다면 지루해서 좀이 쑤실지도 모릅니다.

결혼하지 않는 사회로의 진입도 개인의 여가시간을 크게 증가시킬 것입니다. 사실 결혼하면 아이보랴 살림하랴 배우자 챙기랴, 여가시간 같은 것은 꿈도 꾸기 어렵습니다. 그러나 결혼하지 않는 사람들은 그만큼의 여가시간을 추가로 갖게 됩니다.

놀라운 것은 여성도 남성도 결혼하지 않아도 그럭저럭 살 수 있게 되었다는 점입니다. 물론 이렇게 될 수 있었던 데도 기술을 통한 자동화가 지대한 공헌을 했습니다. 예전에는 남성의 몫이라고 할 수 있는 '가족 지키기'를 이제는 '도어락'이 담당하고 있고 여성의 몫이라고 할 수 있는 '가사 노동'을 온갖 '가전제품'이 대신하고 있습니다. 대차대조표에 여가시간을 '빚'으로 기록하면 좋을지 '자산'으로 기록하면 좋을지조차 불분명하지만 늘어나는 여가시간만큼 잉여인간이 되어가고 있다는 것만은 분명합니다.

그러나 잉여인간은 죄가 없습니다. 잉여는 오히려 인간의 본성인지도 모릅니다. 우리의 DNA 어딘가에 '잉여 유전자'라도 있는 것은 아닐지 의심이 들 정도로 인류는 모든 것의 자동화에 도전하고 있습니다. 우리도 모르는 사이에 이런 저런 역할을 모두 기계에게 넘겨주고(자동화하고) 그 대가로 엄청난 여가시간을 받았습니다. '일하지 않는 자 먹지도 말라'는 격언은 이제 휴지통으로 보내야 할지도 모릅니다. 앞으로의 시대에서 잉여인간은 '무죄'입니다. 생명체로서 호모 사피엔스가 도달하려는 최종 목적지가 '궁극의 잉여'일지도 모르기 때문입니다.

인공지능을 탓할 필요는 없습니다. 인공지능이 아니더라도 인간은 결국 다른 이름의 새로운 기술을 개발해 잉여로 가는 열차의 시간표를 앞당겼을 테니 말입니다. 그렇다고 잉여인간을 나무랄 필요도 없습니다. 인간이 왜 이렇게까지 잉여의 효율을 추구하는 종이 됐는지는 신도 알려 준 적이 없으니까요.

10
게으른 본성을 긍정하라

　인류 역사에서 가장 최근에 부흥한 엔터테인먼트 산업을 보고 있으면 너무 흥미로워서 무릎을 '탁~' 치게 됩니다. 엔터테인먼트 산업의 본격적 성장과 인간의 잉여시간이 늘어나는 시점이 거의 정확하게 일치하기 때문입니다. 영화와 음악 등이 본격적인 산업으로 부흥한 시기는 1, 2차 산업혁명이 어느 정도 마무리된 1900년대 초인데, 이 시기를 전후해서 노동과 여가에 대한 인식도 큰 변화를 맞이했습니다.

　생각해 보시길 바랍니다. 여러분이라면 시간이 남을 때 뭘 하시겠습니까? 놀아야 합니다. 남는 시간엔 노는 수밖에 없습니다. 남는 시간에 공부하고 일하는 사람이 이상한 사람입니다. 그런데 인간이 어떻게 노는지를 분석하다 보면 인간의 게으른 본성에 다시 한번 놀라지 않을 수 없습니다.

　놀이를 하는 방법은 크게 두 가지입니다.

첫째, 내가 놀이에 참여해서 놀이의 주인공이 된다.

둘째, 남들이 노는 것을 지켜본다.

남들이 노는 것을 지켜보게 해 준 플랫폼이 바로 유튜브입니다. 유튜브에서는 게임도 '하는 것'이 아니라 '보는 것'입니다. 게임을 직접 하는 것보다 게임을 보는 것이 힘이 덜 듭니다. 게임을 하려면 부지런히 준비하고 연습하고 전략을 짜야하지만 보는 것은 이런 단계를 모두 건너뛰게 해줍니다. 춤도 내가 추려면 힘들고 어렵지만 남이 추는 것을 보는 것은 즐겁기만 합니다. 노래도 여행도 모두 마찬가지입니다. 오죽하면 공부도 직접하기보다 남들이 공부하는 모습을 구경하는 것으로 대신하겠습니까?

이런 점에서 넷플릭스와 유튜브의 부흥은 너무나도 이해가 잘 됩니다. 취미가 무엇인가요? 라는 질문에 너도 나도 음악감상이나 영화감상이라고 답을 하는 데는 '비용 대비 이득'에 대한 철저한 계산이 깔려있었던 것입니다. 계산기를 두드려 본 결과, 인류는 힘들게 직접 놀아야 하는 첫 번째 방법보다 소파에 널부러져서 눈알만 굴리면 되는 두 번째 방법을 택했습니다. 이를 종합해서 제법 그럴듯한 문장을 한번 써보겠습니다.

"음악 감상과 영화 감상은 에너지를 가장 적게 소비하면서 주어진 시간의 지루함을 겨우겨우 걷어낼 수 있는 최적값에 위치한다. 이처럼 효율을 추구하는 인간의 본성은 노는 데서도 발휘되고 있다."

음악 감상이나 영화 감상이라는 취미가 무색무취하고 지루하게 느껴진다구요? 아닙니다. 인간의 게으름이 경제적 효율성에 기반한다는 관점에서 볼 때 이것은 매우 논리적이고 합리적인 귀결입니다. 이런 속성에서 벗어나 내가 직접 해야만 하는 취미를 가지려면 아마도 여러분은 게으른 자신의 본성을 채찍질하면서 무던히 노력을 기울여야 할 것입니다.

아… 그래도 그렇지… 이렇게 쓰고 보니 인간의 삶이라는 게 참 멋대가리 없는 것처럼 느껴져서 조금 아쉬운 마음이 듭니다. 지금부터라도 잉여인간으로 살게 될 미래에 과연 무엇을 하고 놀면 좋을지 생각해 봐야겠습니다. 앗! 그런데 이럴 수가. 지금 방금 이에 대한 답을 해 줄 수 있는 인공지능은 없을까? 라는 생각을 하고 말았네요. 정말 인간은 어쩔 수 없나 봅니다. 이럴 바에 차라리 우리들의 게으른 본성을 긍정해 보는 것은 어떨까요? 이렇게나 게으른데도 불구하고 거의 모든 것의 자동화에 도전할 만큼 우리는 또한 치열하니까요.

나가면서

    이 책을 쓰는 동안 가장 어려웠던 것은 1분 1초가 멀다하고 쏟아져 나오는 최신 사례를 따라잡는 것이었습니다. 출판사에 원고를 드리고 편집자님이 원고를 다듬어 주시는 사이사이에도 새로운 뉴스가 쉴 새 없이 터져나왔습니다. 뱁새가 황새 따라간다는 느낌으로는 차마 다 표현할 수가 없을 정도였습니다. 마치 말을 건넬까 말까 주저하며 한 발짝도 못 떼는 사이에 눈 앞에 있던 이상형이 빛의 속도로 멀어지는 느낌이랄까요?

    생각지도 못했던 분야에서, 생각지도 못했던 일이 인공지능을 통해 해결의 실마리가 풀리고 있다는 기사를 볼 때마다 '아, 이런… 또 나왔네….' 하면서 꾸역꾸역 좌절 어린 업데이트를 했습니다. 그런데 그것도 잠시, 어느 순간 마음을 내려놓게 되더군요. 최신 사례를 전달하겠다는 목표는 그저 이상에 불과하다는 것을 깨달았기 때문입니다. 그만큼 인공지능은 역동적이고 폭발적으로 발전하고 있습니다.

    빅뱅이 있고 나서 최초의 3분이 가장 뜨거웠고 그 3분 안에 온 우주를 이루는 핵심 물질들이 거의 다 만들어졌다고 합니다. 적절한 비유일지 모르겠습니다만 아마도 나중에 되돌아보면 '인공지능 상용화'에 있어서는 2020년이 그 '최초의 3분'으로 기억될지도 모르겠습니다.

이렇게 핫한 시국에 이렇게 핫한 주제로 여러분과 이야기 나눌 수 있어서 감사했습니다. 공학이나 수학적 이해가 없는 저로서는 그저 개념적인 이해라도 할 수 있으면 좋겠다는 마음으로 도전 아닌 도전을 했습니다. 부족한 사람의 글을 읽어주신 독자 여러분과 책으로 엮어주신 출판사 관계자 분들께 감사의 마음을 전합니다.

특히 마치 무슨 대작가라도 되는 양 온갖 까탈과 까칠을 시전한 저를 내치지 않고 끝까지 함께해 주신 이휘주 편집자님께 진심으로 감사의 말씀을 전합니다. 중간에서 모든 과정을 조율해 주신 최종현 과장님과 애정 어린 조언을 아끼지 않으신 김동출 주간님께도 감사드립니다. 가끔씩 맛있는 거 사주시는 최성훈 대표님께도 감사드립니다. 진심 어린 추천사를 써 주신 것은 물론이고 원고의 구석구석까지 꼼꼼히 살펴주신 이재현 교수님께도 감사드립니다.

이 나이가 되도록 독립하지 않은 아들에게 먹을 것과 잘 곳을 제공해 주신 엄마 아빠께도 감사의 말씀을 올립니다. 지난 일 년 동안 게으른 본성을 가까스로 거스르며 그저 놀고 먹은 것만은 아니라는 것을 이렇게나마 증명한 나 자신에게도 수고했다는 말을 전합니다.

컴퓨터와 함1게 일하는 것은 멋지다.
그것은 당신과 싸우지도 않고 모튼 것을 기억해 주고
내 맥주를 뺏어 마시지도 않는다.

폴 리어리|Paul Leary

괴물신입
인공지능
쫄지 말고 길들여라

초판 1쇄 인쇄   2020년 2월 4일
초판 5쇄 발행   2022년 10월 7일

지은이   이재박
펴낸곳   (주)엠아이디미디어
펴낸이   최종현
기획   최종현, 김동출, 이휘주
편집   이휘주
교정   김한나, 이휘주
디자인   이창욱

주소   서울특별시 마포구 신촌로 162, 1202호
전화   (02) 704-3448   **팩스**   (02) 6351-3448
이메일   mid@bookmid.com   **홈페이지**   www.bookmid.com
등록   제2011 - 000250호
ISBN   979 - 11 - 90116 - 18 - 3   03550